건축, 사유의 기호

승효상이 만난 20세기 불멸의 건축들

승효상 지음

돌베개

건축, 사유의 기호 — 승효상이 만난 20세기 불멸의 건축들
2004년 8월 13일 초판 1쇄 발행
2019년 9월 20일 초판 11쇄 발행

지은이 승효상 펴낸이 한철희 펴낸곳 주식회사 돌베개
등록 1979년 8월 25일 제 406-2003-000018호 주소 (10881) 경기도 파주시 회동길 77-20 (문발동)
전화 (031)955-5020 팩스 (031)955-5050 홈페이지 www.dolbegae.co.kr 전자우편 book@dolbegae.co.kr
책임편집 윤미향 편집 박숙희·이경아·김희동·김희진·서민경
디자인 민진기디자인 필름출력 (주)한국커뮤니케이션 인쇄·제본 영신사

ⓒ승효상, 2004
ISBN 89-7199-189-5 03610
이 책에 실린 글과 사진의 무단 전재와 복제를 금합니다. 책값은 뒤표지에 있습니다.

이 도서의 국립중앙도서관 출판시도서목록(CIP)은 e-CIP 홈페이지
(http://www.nl.go.kr/cip.php)에서 이용하실 수 있습니다. (CIP제어번호: CIP2004001468)

건축, 사유의 기호

"당신은 왜 시(詩)를 쓰는지 아는가"

혁명의 건축을 조우하다

내가 건축을 직업으로 선택하기로 한 것은 고등학교 3학년 때였지만 건축을 특별히 잘 알아서거나 무슨 동기가 있어서가 아니었다. 어릴 때부터 그림 그리는 것을 좋아했던 까닭에 미술에 대한 집착이 있었으나 이를 직업으로 택하는 것은 일찍이 부모님의 강력한 반대에 부딪혔고, 방황하던 사춘기 시절 신학에 대한 열망이 일어 성직의 길을 생각했지만 역시 장남의 입장을 강조하시는 부모님의 의사를 뿌리칠 수 없어 갈피를 잡지 못하고 있었다.

그때 나에게 건축을 알려주어 길을 터준 분이 나의 누님이시다. 아마도 좋아하는 그림 그리기를 계속할 수 있는 직업이 당신 생각으로는 건축이었을 것이다. 건축이란 것을 적당한 기술과 적당한 예술의 산물로 거의 여기고 있었을 것이므로……. 실제로 나는 대학 건축과에 진학해서 그림 그리기를 잘 하여 재주 있는 건축학도라는 평을 듣기도 했으며 나 스스로도 동기생들에 대해 은근히 우월감을 가지고 있었다.

학교를 졸업도 하기 전에 나는 '공간'의 김수근 선생 문하에 들어가 선생의 건축에 탐닉하게 된다. 아마도 내 인생에서 그처럼 세상과 철저히 단절하고 건축 수업 속에 깊이 빠졌던 적도 없을 것이다. 며칠, 몇 주일, 몇 달을 계속 밤과 낮을 새우며 제도판을 붙들고 살았던 나는 어느덧 김수근 건축의 광신도가 되어가고 있었다. 그때의 소산이 마산성당과 경동교회, 국립청주박물관과 같은 건축이었다. 이들은 믿건대 김수근 건축에서 빠질 수 없는 주옥들이어서 이들에 대한 나의 높은 공헌도를 자랑했는데, 이런 자만은 아마도 건축의 어떤 한계에 내가 부닥쳐 있음이었다.

그 당시는 국내의 암울한 정치적 상황으로 오로지 건축만이 나에게 희망이었으니 나에게 닥친 그 건축의 한계는 내 삶의 한계와 다름이 아니어서 하루가 멀다했던 통음의 습관이 겨우 그 상황을 빠져나갈 수 있는 통로였다. 유신 말기를 지나며 신군부의 등장으로 더욱 숨쉴 수 없게 된 사회의 분위기는 드디어 나로 하여금 유학이라는 명분으로 현실을 도피하게 만들었고 오스트리아 빈에서 새로운 삶을 살게 된다. 1980년도였고 나는 28세였다.

빈 생활은 너무도 자유스러웠다. 공부는 뒷전이었고 음악과 와인 속에, 그동안 억압당한 모든 과거를 보상받으려는 듯 자유인으로 살았다. 그러다, 한 건축가를 만나게 된 것이다. 학교 선생이 건네준 『아돌프 로스(Adolf Loos)』라는 책을 통해서였다. 부끄러운 고백이지만 한국에서 누구에게도 들어본 적 없던 건축가였고, 그의 건축도 처음이었다.

놀라운 사실이 펼쳐지고 있었던 것이다. 그 책에서 그는 건축가라기보다는 혁명가였다. 도무지 내가 배우고 익혔던 것처럼 아름다운 건물을 상상하고 스케치하며 장인인 체하는 소위 예술가가 아니었으며, 시대를 마주하고 타성과 관습에 저항하며 새로운 시대를 꿈꾸는 실천적 지식인이었다.

나는 그의 건축을 구경하러 빈 시내를 다시 샅샅이 뒤지고 다니면서, 탄식을 거듭하며 그를 그제서야 조우한 게으름을 탓하고 있었다. 그리고 건축은 기술이며 예술의 일부라는 그릇되고 헛된 가정이 내 머리에서 깨끗이 지워지고 있었다. 그림을 잘 그린다는 것은 건축하는 데 오히려 방해되는 일 아닌가.

건축, 우리의 삶을 짓는 것

그렇다면 과연 건축이란 무엇인가. 몇 년 전 월간지 『미술문화』에 이에 대해 기고한 글이 있어 전재한다. 일부는 본문의 내용과 중복되는 것도 있으니 양해하시기 바란다.

"나는 건축이 우리의 삶을 바꾼다고 믿는 자이다. 부부가 같이 오래 살면 서로 닮는다는 것도 한 공간에서 오랜 세월을 보낸 까닭에 그들의 삶이 그 공간의 지배를 받아 같이 바뀐 결과라고 생각하는 것이다. 수도하는 이가 작고 검박한 공간을 찾아 떠나는 것도 그 공간으로부터 지배를 받기 원함이라고 여긴다. 윈스턴 처칠 경도 1960년 『타임』지와 회견을 하면서 이런 말을 하였다. "We shape our buildings; thereafter they shape us." 우리가 건축을 만들지만 그 건축이 다시 우리를 만든다는 것이다. 바꿔 말하면, 좋은 건축은 좋은 삶을 만들지만 나쁜 건축은 나쁜 삶을 만들 수밖에 없다는 것이다. 물론 좋고 나쁨이 화려함과 초라함에 있는 것은 결코 아니다. 오히려 화려한 건축 속에서는 삶의 진실이 가려져 허황되고 거짓스러운 삶이 만들어지기 십상이며 초라한 건축에서 바르고 올곧은 심성이 길러지기가 더 쉽다. 비록 그 건축의 효과가 즉각적이지 않아 우리가 느끼기에 더딜 뿐이지 건축은 우리의 인격체를 완성하는 데 절대적인 영향을 준다. 그래서 건축은 우리에게 참으로 중요한 것이다. 그렇다면 좋은 건축이란 어떤 것이며 건축이란 도대체 무엇일까.

일본인이 만든 '건축(建築)'이라는 단어는 건축을 설명하는 데 적합한 말이 아니다. 세우고 올린다는 물리적 운동만을 뜻하는 이 단어로는 우리의 삶을 지배하게 되는 건축의 오묘함을 설명하지 못한다. 영어의 'architecture'가 '건축(建築)'이라는 뜻보다는 조금 낫다. 으뜸 혹은 크다는 뜻의 'arch'와 기술 혹은 학문이라는 뜻의 'tect'라는 라틴어에 어원을 둔 이 영어 단어를 직역하면 '원학(元學)'이나 '큰 기술'이 된다. 얼마나 건축이 중요하고 크면 그리 불렀겠는가. 심지어는 기독교의 하나님을 뜻하는 단어가 건축이라는 단어에 정관사를 붙인 'The Architect'로 영어 성경에 기재될 정도이니 대단한 직업이었음에 틀림이 없다. 그러나 이 단어 역시, 건축의 중요성을 강변하는 데는 적합할지 모르나 건축을 본질적으로 설명하는 데 좋은 단어는 아니다.

우리에게는 건축이라는 말 대신 참 좋은 단어가 있었다. 한자말이긴 하지만 '영조(營造)'가 그것이다. 우리말로는 '지어서 만든다'는 뜻이다. 그렇다. 집은 세우는 게 아니라 짓는 것이다. 밥을 짓고 농사를 짓고 시를 짓듯이 집은 지어서 만드는 것이다. 짓는다는 뜻은 무엇인가. 어떤 재료를 가지고 생각과 뜻과 마음을 통하여 전혀 다른 결과로 변화시켜 나타내는 것이다. 단순한 물리적 운동의 결과와는 그 방법과 과정이 다르며 근본적으로 사상이 다르다.

그렇다면, 물리적 행위가 아니라면 집을 짓는다는 뜻은 무엇인가. 바로 삶의 시스템을 만드는 것이다. 즉 사는 방법을 만드는 것이 건축이라는 뜻이다. 건축의 평면도라는 그림은 이를 분명하게 설명한다. 집 안에서 일어남직한 행위들을 추정하여 그 행위를 담는 공간을 정하고 사용자의 수를 예측하여 크기를 결정한 후 그 순서를 정해 조직하면 평면도가 되며, 이 평면도 속에서 살게 되는 우리는 싫든 좋든 그 평면 조직의 규율을 학습하며 적응해나간다. 예컨대 생리작용을 해결하기 위한 공간인 변소도 옛날에는 불결한 곳으로 간주하여 집의 뒤켠에 두고 뒷간이라고 불렀지만 요즘의 주거에서는 평면도의 가운데에 배치되면서 이름도 화장실로 바뀌어버렸다. 같은 기능이지만, 주어진 평면도 속에 처한 그 공간을 이용하며 우리는 그 이름을 호도한 채 적응해버린 것이다.

이 평면도를 본다고 하지 않고 읽는다고 해야 정확한 말이 된다. 그것은 평면도를 선으로 이루어진 하나의 그림으로 감상하는 것이 아니라 그 속에 적혀 있는 건축가의 사유를 읽어내야 그 평면도에 표기된 삶의 조직이 이해가 된다는 뜻이다. 건축가의 그림은 그의 사유를 어떻게 잘 나타내느냐에 그 가치가 있다. 그리는 기술에 소질이 있어 건축을 한다면 오히려 그 소질은 그의 사고 과정을 방해하고 농도를 흐리게 할 뿐이다. 다시 말하면 건축가의 그림은 그의 사유에 대한 기록이 되어야 하며 그 그림이 보편적 언어로 나타난 것이 건축가의 도면이다. 따라서 건축가가 그림에 소질이 있어야 할 이유가 없다. 단지 그는 그의 생각을 글로 쓰듯이 약속된 기호와 선으로 적어나가면 된다. 어떻게 보면 그에게 필요한 것은 오히려 문학적 소질이지 예술적 기예가 결단코 아닌 것이다.

흔히들 건축을 공학으로 분류하거나 예술의 한 부분으로 간주하는 것이 나는 못마땅하다. 이는 건축이 가진 작은 속성을 오해한 결과라고 여긴다. 물론 건축에서 기술은 중요한 부분이다. 사실 20세기 들어 전개된 기술의 시대에서는 기술에 대한 표현이 건축의 중요한 목표인 적도 있었으며, 눈부신 기술 개발을 통하여 우리의 삶이 개혁된 바도 크다. 이 기술의 속성은 항상 진보와 발전을 목표로 한다. 문제는 이 진보된 기술의 건축 속에서 우리는 더욱 행복한가 하는 데에 이르면 심사가 복잡해진다는 것이다.

고대 이집트의 노동자들을 위한 집합주택과 초고속 통신으로 모든 설비를 조정할 수 있게 된 현대의 원룸 아파트 주거의 평면 구조를 비견하면 그다지 달라진 게 없다는 데 놀라움을 표하게 될 것이다. 조선시대 선비가 살았던 집의 평면을 잘만 모사하면 우리의 현대 생활을 더욱 윤택하게 하는 놀라운 현대주택을 가지게 될 것임을 결단코 의심치 않는다. 이는 바로 기술의 진보가 우리의 삶을 그 비례대로 진보하게 하는 것이 아니라는 뜻이다. 오히려 우리의 삶은 때때로 퇴보해버린 경우도 허다하며, 오늘날 기술의 발전이 몰고 온 가정과 사회의 분쟁과 갈등의 여러 병리현상이 이를 증거하고 있다. 기술은 건축과 다른 것이며 다만 우리의 삶의 시스템을 때때로 편리하게 하고 굳건하게 하는 수단의 가치가 있는 하위의 개념이다.

건축예술이란 말은 애초에 없던 말이다. 이를테면, 오스트리아 빈에 훈더르트 바서라는 미술작가가 아파트를 지어 화제가 된 적이 있다. 완성된 지 십수년이 지난 지금에도 많은 관광객까지 모으는 그 건물이 과연 건축으로서 가치가 있는 것인가. 예술적이라고 평가받는 이 건물은 예술일지는 몰라도 건축으로서의 가치는 별무이다. 이는 이 건물이 그 공동주택의 거주민을 위한 특별한 제안을 하지도 않고 있으며 주택의 내부 구조 또한 건축가로서의 새로운 삶의 조직을 만들어놓고 있지 않기 때문이다. 다만 옆 아파트의 주거 형식과 차이가 전혀 없음에도 불구하고 단지 외벽을 어지러운 색채와 장식으로 칠하고 덧댐으로써 많은 사람들의 시선을 붙잡고 있을 뿐이다. 그 장식과 색채가 그 속의 삶의 시스템과는 아무 연관을 맺지 못한 채 그 벽면들은 하나의 도시적 스케일의 그림이 되어 칙칙한 빈의 거리를 화려하게 만들고 있는 것이다. 이런 것은 건축이 아니다.

    건축의 외형은 그 속의 삶의 시스템이 포장된 상태이다. 따라서 외관이나 모양은 그 시스템을 그대로 나타내는 것이 가장 좋다. 건축이 오브제로서가 아니라 환경으로서의 가치가 더욱 고양되어가는 오늘날, 건축의 외관은 부차적인 것이며 평면의 조직에 종속적인 작업인 것이다. 그러나 아직도 이 입면을 오히려 건축의 목적으로 잘못 판단하여 건축을 시각적 상징과 기호로서 취급하는 예가 수도 없이 많다. 가관은 건축을 일종의 조형예술로 착각하고 있다는 것이다. 이런 건축 속에 참다운 삶이 만들어지기는 거의 불가능해 보인다.

우려스러운 일은, 기술과 예술에 빗댄 건축에 대한 이러한 그릇된 관점으로 잘못된 건축교육제도를 만들어 바른 건축가를 기르는 일에 실패해왔다는 사실이다. 이제는 건축대학이 홀로 독립하여 생기기도 하지만 불과 2, 3년 전까지만 하더라도 건축은 항상 공과대학이나 예술대학 속에 속해 있는 게 전부였다. 공대의 커리큘럼 속에 건축을 집어넣는다거나 예술대학 속에 꾸역꾸역 집어넣어 공학도로서 혹은 예술인으로서의 자질 향상을 위해 교육하면서 바른 건축가를 배양하려 한다는 것은 망상일 수밖에 없다.

굳이 건축을 다른 학문의 분류에 넣으려 한다면 인문학에 가깝다. 문학적 상상력과 논리력, 역사에 대한 통찰력, 그리고 사물에 대한 사유의 힘이, 이웃의 삶에 대한 애정과 존경 속에 작업해야 하는 건축가에게는 필수불가결한 도구들이기 때문에 그러하다.

그렇다면 좋은 건축이란 어떻게 지어야 하나. 나는 이를 위한 세 가지의 기준을 가지고 있다.

첫번째는 합목적성에 대한 문제이다. 즉 그 건축이 소기의 목적과 기능을 잘 표현하고 있느냐 하는 것인데, 학교는 학교 같아야 하고 교회는 교회 같아야 하며 집은 집 같아야 한다는 것이다. 무덤으로 쓰였던 피라미드를 흉내내어 음식점을 한다든지 민주적 의사 결정을 목표하는 의사당이 봉건적 건물 형식이 된다든지 하는 것은 그 건축의 목적을 배반하는 결과이다. 이는 그 건축이 수행하여야 하는 프로그램을 다른 것으로 위장한 것으로 오독을 초래한다. 다시 말하면 좋은 건축이 될 가능성이 높을수록 그 건축이 가진 프로그램에 대한 이해가 더욱 적확히 표현되어야 한다는 것이다. 이러한 건축만이 장구한 세월을 지탱한 후 훗날 그 속에 담겼던 생활 자체가 고고학적 가치를 지니게 될 것이다.

두번째는 시대와 관련이 있다. 건축은 대단한 기억장치이다. 건축을 가리켜 시대의 거울이라고 일컫는 만큼 건축을 통하여 우리는 그 건축이 지어졌던 사회의 풍속과 문화를 알 수 있다. 고고학자들이 고건축지를 발굴하고 환호하는 까닭도 그 시대의 상황을 정확하게 복원할 수 있는 기회를 얻기 때문이다. 즉 시대의 문화적 소산이 건축인 것이며 따라서 그 시대에 가장 적합한 공법과 재료와 양식으로 지어야 바른 건축이 된다. 초고속 정보화 시대를 사는 우리가 초가나 기와집을 다시 짓는다든지 하는 것은 옛 건축에 대한 학습이나 전시 대상으로는 가능하겠지만 그 집은 어디까지나 선조들의 창작품을 흉내낸 박제이다. 19세기 말, 소위 세기말의 위기에 처한 유럽의 건축과 예술의 지식인들이 모여서 그 위기의 시대를 구하고자 세쎄션(Sezession) 운동을 일으킨다. 오토 바그너(Otto Wagner) 같은 당대의 건축가뿐 아니라 구스타프 클림트, 구스타프 말러 등 그 시대의 문화를 주도한 지식인들은 새로운 시대의 도래를 직감하며 구시대와 결별을 선언하고 새로운 예술운동을 전개하기 시작했다. 그들은 빈 시내에 그들의 새로운 작업들을 전시하는 전시관을 세움으로써 그들의 신념을 실천하였다. 요셉 마리아 올브리히가 설계한 이 세쎄션관의 머리말에는 다음과 같은 글이 새겨져 있다. 'Der Zeit Ihre Kunst, Der Kunst Ihre Freiheit(그 시대에 그 예술을, 그 예술에 그 자유를).'

세번째는 건축과 장소의 관계이다. 건축은 반드시 땅 위에 서는 것을 전제로 한다. 이 점이 건축을 다른 조형예술과 구분하게 하는 중요한 요소이다. 예컨대 조각이나 그림은 작업실에서 제작되어 전시장이나 다른 공간으로 이동하여 설치할 것을 목표하는 것이며 여러 곳을 전전하기도 한다. 물론 조각도 때로는 땅과 관계를 맺는 것이 중요할 때가 있다. 그러나 그때의 조각은 조각이라기보다는 다분히 건축적인 입장이 된다는 것이다. 건축은 현실의 땅과 항상 불가분의 관계일 수밖에 없다. 이 사실이 건축을 규정하는 가장 중요한 핵심이 된다. 이 현실의 땅은 홀로 존재하지 않으며 다른 땅들과 붙어 특별한 관계를 맺는 까닭으로 땅마다 모두 고유한 성격을 가지고 있다. 또한 이 땅들은 오랜 세월을 그 자리에 있어 온 까닭에 장구한 역사의 흔적을 기록하고 있기도 하다. 즉 이러한 공간적·시간적 성격이 한 땅의 특수한 조건을 만들고 그런 지리적·역사적 컨텍스트를 가지게 된 이 땅을 우리는 '장소'라고 부른다. 이 장소의 성격을 제대로 반영한 건축이 바른 건축이 됨은 불문가지이며 이러한 건축의 집합이 한 지역의 전통 문화를 만드는 것이다. 당연히 미국과 한국의 집은 달라야 하며 서울과 부산의 집은 다른 형식이 되어야 한다.

어떻게 생각하면 건축은 집을 짓는 것으로 끝나지 않는다. 오히려 집은 하부 구조이며 그 집 속에 담기는 우리들의 삶이 그 집과 더불어 건축이 된다. 우리의 삶을 짓는다는 것이, 건축의 보다 분명한 뜻이라는 것이다.

이러한 좋은 건축의 목표는 무엇일까. 당연히 우리 인간의 삶의 가치에 대한 확인이다. 우리들의 선함과 진실됨과 아름다움을 날마다 새롭게 발견하게 하는 건축이 참 좋은 건축임에 틀림이 없다. 성경의 잠언에 이런 말씀이 있다.

'집은 지혜로 말미암아 건축되고, 명철로 말미암아 견고히 되며, 또한 방들은 지식으

로 말미암아 각종 귀하고 아름다운 보배로 채우게 되느니라.'

건축은 우리의 삶이 지혜를 통과하면서 지어져나가는 것이다. 이를 손으로는 결코 세울 수 없을 것이다."

이 시대 우리의 건축

아돌프 로스를 만난 일은 건축에 대한 나의 생각을 송두리째 바꾸게 했다. 그 즈음 익숙해진 빈 생활의 느슨함을 나는 다시 각성하게 되었고 오히려 귀국을 서두르게 된다. 무언가 한국에서 했던 건축 행적을 다시 수정하고 싶었던 것이다. 그러나 귀국 후의 여건은 그렇게 녹록하지 않았다. 김수근 선생의 병환과 별세 그리고 그 과정에서 겪을 수밖에 없었던 현실적 문제들은 건축을 뒤편으로 밀어놓게 만들었고, 나는 7년의 기간 동안 아돌프 로스를 접고 있을 수밖에 없었다.

1989년이 저무는 겨울, 나는 비로소 독립하게 된다. 아무리 생각해도 아돌프 로스의 혁명에 대한 기억이 더 이상 내 건축을 주저하고 있지 못하게 했던 것이다.

승효상 건축을 해야 할 때였다. 그 즈음 결성된 4·3그룹의 구성원들은 모두 나의 스승이었다. 그들과 밤새 격렬하게 벌이곤 했던 토론들, 함께 구체적 공부의 방향을 정하고 떠난 건축 기행들, 이들은 나에게 엄청난 자극제였으며 이를 바탕으로 나는 건축의 바다를 항해하게 된다. 1992년, 14명으로 구성된 4·3그룹은 건축 전시회를 통해 동토 같았던 한국 건축계를 향해 부르짖으며 새로운 가치의 시대적 건축에 관한 생각을 털어놓았다.

'이 시대 우리의 건축'이라는 주제를 내건 이 전시회에서 내 친구인 김광현 교수는 책자의 서문을 통해 "규방의 건축에서 벗어나라"고 충고했다. 그러나 그가 규방이라고 칭한 서구건축의 껍데기보다 내가 갇혔던 규방은 김수근 선생임에 틀림없었다. 그가 훗날 4·3그룹의 또 다른 책자에서 언급한 것처럼 나는 밤하늘의 별이 정한 원칙을 유일한 좌표로 삼아 항해할 수밖에 없는 망망한 바다의 선원이 될 것을 마음먹어야 했다.

그러기 위해서는 먼저 항해했던 불멸의 건축가들의 항해 기록을 다시 들추는 일이 참

유효한 방법이었다. 새로운 시대, 새로운 건축으로 새로운 삶을 가능하게 했던 그들의 건축은 나에게 보물 같은 가르침이었으며 외로운 항해를 위로하는 동역(同役)의 기록이었다. 그들은 그야말로 오로지 밤하늘의 별만 의지하고 자기가 추구하는 로고스를 향해 험한 파도와 싸워나간 혁명가들이었다. 무엇이 그들을 항상 새롭게 만들었을까. 그들에게는 공통된 원칙이 있었다.

당신은 건축을 왜 하는지 아는가

아그네츠카 홀란드라는 폴란드 출신의 여성 감독이 1995년에 만든 영화 '토탈 이클립스'는 프랑스가 낳은 두 천재 시인 폴 베를렌과 아르튀르 랭보에 관한 이야기이다. 알려진 바와 같이 베를렌은 19세기 말엽 상징주의 시단의 대표적 인물이며, 37세의 나이로 요절한 랭보는 현대 시의 아버지로 불리는 시인이다.

열 살 차이가 나는 이 둘은 삼각관계에 있으면서도 서로에 탐닉하는 동성연애자였지만 시의 세계에서는 한 치의 양보도 없는 라이벌이었다. 레오나르도 디 카프리오가 열연한 젊은 랭보는 공격적이며 파괴적이고 열정을 삭이지 못하는 인물이었다. 그 당시 파리의 시단에서 확고한 지위를 누리고 있던 베를렌을 쉴 새 없이 몰아붙이다 급기야는 총탄을 맞게까지 된다.

이 두 시인이 나누는 말의 묘미에 반하며 영화에 몰입하던 나는 랭보가 베를렌과 싸우는 도중 속사포같이 던지는 말 한 구절을 듣고 칼끝을 마주한 듯한 섬뜩함을 느끼고 말았다. 랭보가 이렇게 이야기한 것으로 기억한다.

'당신은 시를 어떻게 쓰는지 알지만 나는 시를 왜 쓰는지 안다.'

이 말은 무슨 뜻인가. 바로 상징주의 시단의 거장이던 베를렌을 향해, 본질을 잃고 언어를 유희하는 방법에만 의존하는 그런 시는 껍데기만 남은 것이며, 왜라는 본질에 관한 질문을 안아 철저히 자기를 부정하고 새로운 정신을 만들 수 있는 태도야말로 이 시대에 필요한 진정한 시라고 말하고 있지 않은가.

나는 이 말을 듣는 순간 나 자신을 생각하고 있었다. 나는 과연 건축에 관해 근본적 질문을 하고 있는가. 타성에만 의지하면서 건축을 그리고 있지 않았는가. 나에게 건축은 무엇인가. 내 스스로에 대한 심문은 끝이 없었다. 랭보는 베를렌이 아니라 나를 노려보며 공격하고 있었던 것이다.

건축 설계라는 일은 끊임없이 다른 사물과 만나는 작업이다. 새로운 설계를 할 때마다 다른 땅과 다른 사람들을 만난다. 당연히 새로 짓는 집은 새로워야 함에도 우리의 도시에는 얼마나 낡은 정신으로 짓는 집이 많은가. 가진 재산을 다 동원하여 보다 새롭고 행복한 삶을 꿈꾸는 이들에 대해, 건축가가 더욱 새롭고 행복한 꿈을 꾸지 않으면 그 집은 죽은 집이며 그는 그들을 배반한 꼴이 된다. 그럼에도 가끔 건축하는 일이 고단하여 나의 게으름과 비겁함을 내가 용서하고 있을 때, 랭보는 항상 나를 향해 묻는다. '당신은 건축을 왜 하는지 아는가.'

바로 이 질문이 지난 시대 불멸의 건축가들이 공통적으로 지닌 화두였으며 그 힘이 혁명의 건축을 이루고 우리의 삶을 개혁시켜 새로운 시대를 이룬 것이었다. 그들의 기록은 역사 속에만 존재할 이유가 없는, 지금도 여전히 유효한 기록이며 특히 캄캄한 밤바다에 던져진 나에게 더할 나위 없는 스승이 된 것이다.

20세기 불멸의 건축들에 대한 사유

이들에 대한 기록이 이 책의 내용이다. 이 책은 건축을 전공하는 이들보다는 일반인들을 위해, 수년 전 어느 회사의 사내지에 기고되었던 내용과 올해 중앙일보에 연재한 '건축가 승효상의 세계 도시건축 순례'에 소개된 일부를 단행본의 체제에 맞추고 지금의 시각에서 개작한 것임을 밝힌다.

일반인들에게 건축의 이해를 높이기 위해 시작한 글이었지만 글 속에 소개된 내용은 누구보다도 나에게 깊은 영향을 끼친 건축과 건축가들에 관한 이야기이다. 물론 세상에는 이보다 더 중요한 건축이 있다는 것을 부정하지 않지만 이 건축으로도 나는 내가 가진 관습과 타성을 씻고 버려 건축의 본질에 가깝게 가려는 데 큰 자극을 받았다.

　한탄스러운 것은 나의 부족하기 짝이 없는 글재간 때문에 이 좋은 건축들을 충분히 이해시키는 데 실패하고 있다는 사실이다. 가능하면 이 건축들을 직접 가서 보고 내가 쓴 것보다 더 큰 가치를 지닌 이 건축들을 스스로 발견하고 그 건축의 진실에 접근하기 바란다.

이 책은 간단히 보면 건축 기행문이다. 그러나 나는 그렇게 불리지 않았으면 좋겠다. 기행문이라기보다는 20세기 불멸의 건축들을 통해 사유한 한 건축가의 기록이며, 어떻게 보면 내 건축의 배경이기 때문이다. 따라서 이 글의 내용은 어쩔 수 없이 지독한 편견에 사로잡혀 있을 것이다. 내가 바른 이론을 전공하는 학자가 아니라는 이유로 이 글이 갖는 오류에 대해 책임을 회피할 생각은 없다. 객관적 사실에 잘못이 있거나 사실을 왜곡한 견해라는 것을 알게 된다면 적절한 어느 기회에 이를 다시 수정할 것이다.
　굳이 사뢰고자 하는 것은, 이 책의 내용이 지금 이 시점에 불과 한 건축가가 가지고 있는 관점이라는 것을 염두에 둔다면 믿음이 달라 상처받는 일이 덜할 것이다.

여기에 글과 함께 소개한 사진들은 대부분은 내가 직접 찍은 것들이지만 여의치 못하여 선배 건축가 민현식 선생에게 빌린 것도 있어 이에 대해 감사드린다. 그러나 어떤 것은 작가의 허락 없이 무단 차용한 것도 있어 이것이 못내 마음에 껄끄럽다. 마땅히 출처라도 밝혀야 하지만, 이제껏 책에서 복사한 후 강의 때 무단 사용하던 것이라 아무리 찾아봐도 그 출처를 찾을 수 없어, 게재하지 않으려 했으나 하는 수 없이 사용한 게 있다. 나중에라도 작가를 알게 되면 용서를 구하고 조치를 취할 것이다.

이상하게도 자꾸 책을 내게 된다. 함량 미달의 글을 써서 내보이는 일이 아무래도 겸연쩍을 수밖에 없는데, 벌써 이런 저런 사정으로 네댓 권의 책을 내게 되었으니 진정성으로 글 쓰는 많은 이들로부터 받을 조소와 비난이 두렵다.
　그래서 그 이유를 들어 이 책 내는 일을 고사하며 심정을 괴롭혔던 돌베개 한철희 사장에게 부담을 덜게 된 일이 그래도 기쁘다. 더불어 속 좁은 내 눈치를 보느라 편집과 디자인 과정에서 속 썩었을 돌베개 식구들에게 용서를 구한다.

    책 속의 건축가에 대한 통일된 소개나 도면 정리는 나의 사무소인 이로재(履露齋)에서 올해부터 일하고 있는 최원준 박사가 모두 한 일이어서 독자들은 그에 대한 신빙성을 가져도 될 것이다.

건축이 물신에 사로잡혀 유희의 도구가 되고 궤변에 의해 희화화되는 지금, 그 유혹을 뿌리치고 건축의 본질을 찾아서 빛나는 별을 좌표 삼아 오늘도 외로이 밤바다를 항해하는 건축의 선배들, 동료들에게 이 책을 바친다.

                                            2004년 여름 이로재에서
                                            승효상

차례

"당신은 왜 시(詩)를 쓰는지 아는가" 4
찾아보기 292
Picture Credits 295

1. 미카엘 광장에 세운 시대정신 **아돌프 로스와 로스 하우스** 22
2. 이상주의자가 빚은 기념비 **주세페 테라니와 코모 파시스트의 집** 40
3. 슈투트가르트에서 일어난 혁명 **바이센호프 주거단지** 56
4. 아름다운 건축 산책로, 서구주택의 완성 **빌라 사보아** 68
5. 진실의 건축 **르 토로네 수도원과 라 투레트 수도원** 86
6. 태양의 도시 **르 코르뷔지에의 찬디가르** 108
7. 마음의 풍경 **한스 샤로운의 베를린 필하모니 홀** 122
8. 시적 진실로 이룩한 20세기 건축의 대혁명 **베를린 국립미술관 신관** 140
9. 침묵의 메시지 **루이스 칸과 루이스 바라간의 건축정신** 156
10. 벵갈의 빛과 침묵 **루이스 칸과 방글라데시 국회의사당** 184
11. '큰 기술'이 만든 '반(反)건축' **파리 퐁피두 센터의 시대적 성취** 200
12. 세계를 향해 열린 창 **요한 오토 폰 스프렉켈슨의 라 그랑 아르세** 218
13. 건축과 기억 **프랑크푸르트 뢰머 광장과 쉬른 미술관** 230
14. 지식의 도시 **프랑스 국립도서관** 242
15. 귀엘 공원의 재발견 **안토니오 가우디의 이상도시** 258
16. 성서적 풍경 **시구르트 레베렌츠와 우드랜드 공동묘지** 274

건축, 사유의 기호 — 승효상이 만난 20세기 불멸의 건축들

1

미카엘 광장에 세운 시대정신
아돌프 로스와
로스 하우스

집은 세우는 것이 아니라 짓는 것이라는 말이 우리에게는 더욱 익숙하다. 이 말은 '집은, 혹은 건축은 단순히 기술적·구조적인 측면에서 세우는 물리적 운동만을 의미하는 것이 아니라, 시를 짓고 밥을 짓듯이 어떠한 재료를 가지고 일련의 사고 과정을 통하여 뭔가 만들어내 가는 것'이란 뜻이다. 이는 우리 선조들이 건축을 가리켜 영조(營造)라 일컬었던 것과도 일맥상통한다. 일본인들이 메이지시대 때 만든 '건축'이라는 말의 뜻으로는 '우리의 삶을 형성하는 것'을 목표로 하는 건축의 본질을 설명할 수 없다. 건물이 물리적 환경을 뜻한다면 건축은 그것을 포함하는 형이상학적 환경까지 포함하는 개념이다.

도시의 가로에 빼곡히 들어서 있는 건물들 가운데 이런 의미에 부합되는 건축을 구별해내는 방법은 무엇일까. 내가 믿는 한, 첫번째는 그 건물이 합목적적인가에 있다. 즉 학교는 학교답고 교회는 교회다우며 사무소는 사무소로서의 기능과 형태를 갖고 있을 때 이를 합목적적이라 하고, 이는 건축이 갖추어야 할 첫번째 목표이다. 두번째로 장소성을 들 수 있다. 사하라 사막에 우리의 초가집을 지을 수 없듯이 이 땅에 짓는 집도 남의 땅에 짓는 집과는 엄연히 달라야 하며, 그 장소에 맞는 적합한 해석을 지녀야 한다는 것이다. 이는 건축이 단순히 지형적·기후적 여건만이 아니라 역사적·문화적 맥락에도 부합되어야 함을 말한다. 세번째로 거론해야 하는 중요한 명제는 시대성의 문제이다. 일반적으로 건축을 시대의 거울이라고 한다. 우리는 건축을 통해서 그 시대의 삶의 내용을 유추해내고 그 시대의 문화적 배경과 문화 형성의 과정을 알 수 있다. 건축사에 남는 걸작들은 언제나 한 시대의 빛나는 정신으로 충만해 있다.

로스 하우스. 화단은 창문 주변 장식을 고집하는 빈 시민들에게 보여주기 위한 '장식'이었다.

합목적성과 장소성이 무엇을 어떻게 어디에 짓느냐 하는 건축의 교과서적 명제를 해결하는 것이라면, 시대성은 누가 왜 짓느냐 하는 본질적이고 근원적인 질문에 더욱 근접한다. 이는 건축가가 투철한 역사의식으로 현실을 직시하고 미래에 대한 사념을 제시할 수 있을 때 비로소 얻어질 수 있다. 역사의 축 위에 있는 건축가라면 언제 어디서건 이와 같은 근본적인 질문을 피할 수 없을 것이다.

과거 유럽의 역사에서 600년간 그 중심에 있었던 합스부르크 왕가의 도시 빈. 그 왕가의 겨울 궁전이 있는 미카엘 광장(Michaelerplatz)에 로스 하우스(Looshaus)라 불리는 6층짜리 집이 있다. 현재 은행이 들어서 있는 이 건축은 지금의 시각에서 보면 여전히 옛 건축이요, 별 보잘것없어 보이는 외관을 지녔다. 그러나 이 집이 이성에 바탕을 두고 인간정신의 승리를 구가하는 모더니즘을 탄생케 한 중대한 실마리가 되었으며 결국 세기말의 위기를 극복하게 한 위대한 시대정신이었고, 우리의 현대를 있게 한 바탕이었다는 것을 안다면 우리의 시각은 달라진다.

이 집을 설계한 아돌프 로스는 현재 체코슬로바키아의 영토인 브룬 지방에서 석공의 아들로 태어났다. 드레스덴 공대에서 잠깐 동안 건축 수업을 받은 그는 20대 중반에 미국의 도시들을 방문하여 새로운 시대에 대한 확신을 갖게 된다. 그후 다시 빈으로 돌아와 건축 작업을 하는 동시에 다양한 저술을 통하여 그의 건축사상을 빈의 문화계에 충격적으로 드러냈다.

19세기 말은 유럽사회에서 귀족문화가 서서히 붕괴되고 대중문화가 새로운 가치를 갖게 되면서 이 두 가치체계가 서로 대립하고 갈등하는 시기였다. 과학과 기술의 발달로 18세기 유럽에 일기 시작한 산업혁명의 바람은 평민들로 하여금 부의 축적을 가능케 하였고 생활에 여유를 가져다주게 된다. 농민들은 더 이상 노동의 대가가 보장되지 않는 농토를 버리고 더욱 나은 삶을 꿈꾸며 일자리를 찾아 도시로 모여들었다. 도시는 그들에게 일자리를 제공하였고 산업의 발달은 그들에게 경제적 부의 축적을 허용하였다. 이제 신흥 부자가 된 그들은 경제적 여유뿐 아니라 시간적으로도 풍요로운 생활을 영위하기에 이르렀다.

이러한 여유는 그들이 꿈속에서나 동경해오던 귀족적 생활을 현실에서 가능케 하였으나, 신분과 의식에 맞지 않는 생활은 결국 허영일 수밖에 없었다. 허영이 빚어내는 삶의 공허함을 메우고자 그들은 옷이나 방을 더욱 과도한 장식으로 꾸몄다. 나아가 그들이 소유한 건물은 그들의 열등의식을 덮기 위한 과시적 형태가 주류를 이루게 된다.

결국 그들의 도시는 건전하지 못한 가십거리로 가득차게 되고 선함과 진실됨, 아름다움에 대한 판별의 기준이 지극히 모호해져버린다. 즉 사회 전반에 퇴폐적 취향이 만연하였으며 말초적 허무주의에 빠진 예술은 성을 유희의 도구로 삼게 되면서 도덕의 경계가 희미해진다. 시대의 중심을 이끌던 문화가 혼돈에 빠지면서 드디어 그들은 정체성을 상실하게 되고 바야흐로 세기말의 위기(Fin de Siècle)가 닥친 것이다.

그러나 새로운 시대가 다가오고 있음을 직감한 이 도시의 지식인과 예술인들은 이러한 세기말적 위기를 극복하기 위해 새로운 패러다임의 설정이 긴요함을 직시하고 치열한 예술운동을 전개해나간다. 영국에서는 액자 속의 미술을 생활 예술로 전환하려는 미술공예운동(Arts and Crafts Movement)이 일어났고, 프랑스・벨기에 등에서 활발히 전개된 아르 누보

(Art Nouveau)는 철물·유리 등 신소재를 통해 새로운 예술을 추구하는 경향을 보여주었다. 네덜란드 등이 중심이 된 데 스틸(De Stijl) 혹은 유겐트스틸(Jugendstil) 등이 새로운 시대에 대한 반동으로 변화하는 새로운 형식·새로운 정신을 밝혀나갔으며, 독일 뮌헨에서 발생한 세쎄션 운동은 빈에서 더욱 활발하게 새로운 예술사조로 자리잡고 있었다.

분리를 의미하는 '세쎄션'이라는 이름을 가진 이 운동은 '그 시대에 그 예술을, 그 예술에 그 자유를(Der Zeit Ihre Kunst, Der Kunst Ihre Freiheit)'이란 경구를 내세우며 관능과 시대착오에 빠진 문화에 새로운 가치와 틀을 세워 정면으로 맞선다. 분명 새로운 시대가 도래하고 있었고 이러한 새로운 운동은 세기말의 말초적 허무주의에 맞서 인간의 이성을 되찾게 하는 섬광 같은 실마리를 제공하고 있었다.

아돌프 로스는 애초부터 이러한 운동에 적극적으로 가담한다. 그러나 세쎄션 운동에 참가한 건축가들의 완벽히 가공된 생활 행태에 의문을 품은 그는 결국 이러한 것들마저 배격하고 순수하고 본질적인 새로운 정신을 새로운 시대에 담을 것을 요구한다. 오토 바그너를 필두로 한 빈 세쎄셔니스트(Sezessionist)들의 건축관념이나 디자인 방법들이 더러는 지극히 개인적 취향에 머물거나 오히려 또다시 새로운 장식을 만들어냈기 때문이기도 했는데, 새로운 시대정신에 확신을 가진 아돌프 로스에게는 이러한 것들이 그의 도시와 새로운 시대의 삶을 위하여 아무 의미 없는 것일 뿐이었다.

아돌프 로스는 1908년에 쓴 「장식과 죄악(Ornament und Verbrechen)」이라는 논문에서 파푸아뉴기니의 원주민이 자기 몸에 문신을 하거나 칠을 하

현재의 로스 하우스 전경 뒷면

는 것은 죄악이 아니지만 현대인이 그렇게 하는 것은 죄악이며 시대착오적인 것이라는 말로 의미 없는 장식을 단죄한다. 즉 장식은 죄악이고, 그것은 오늘날의 문화와 유기적 관계를 맺지 않는 한 전혀 가치 없는 것이며, 건축가는 더욱 본원적인 것에 몰두해야 한다는 것이다. 1921년에 초간된, 그의 1897~1900년 사이의 글 모음인 『공허에 대한 외침(Ins Leere Gesprochen)』에서는 특히 빈이라는 도시가 지닌 허구와 그 시대 지식인들의 심각한 지적 허영에 대해 의미 있는 반기를 들었다. 러시아 카타리나 여제가 행차할 때 캔버스 위에 풍요로운 농촌의 모습을 그려 열악한 실제 환경을 가린 일을 인용한 「포촘킨의 도시(Die Potemkinsche Stadt)」라는 글을 통하여 허식과 환상에 사로잡힌 빈의 도시와 문화를 통박하기도 했다.

아돌프 로스의 시대적 선언이 된 로스 하우스. 그가 건물의 개조나 인테리어 설계 같은 자질구레한 일을 무수히 거치고 난 후 빈 도시 중심부에 짓게 된 이 주거와 상업 시설의 복합 건축물은, 그에게는 첫번째 큰 프로젝트인 동시에 그러한 규모로는 마지막 작업이었다. 후기로 갈수록 깊이를 더해가는 그의 건축관은 물론 여기에서도 유감없이 발휘된다. 순수한 재료 사용이나 도덕적인 측면에서 그에게 결정적인 건축원칙이 된 장식의 배제, 그의 후기 주거 계획안을 특징지은 공간의 연결성 등이 그것이다.

애초 골드만 살라치 양복점 및 주거기능으로 계획된 이 건축은 1911년에 완공되었다. 이 건축의 외관은 지붕과 본체, 기단의 세 부분으로 나누는 고전적 방식으로 이루어져 있으나 창문 주위에는 일체의 장식을 배제하고 내부 공간에서 필요로 하는 기능적 창들로만 외부를 정연히 구성하였다. 이는 건축의 원형이 되는 고전 형식으로 순수히 다시 돌아가고자 함이며, 본질에 대한 탐구에서 비롯된 결과라고 할 수 있다. 또한 내부 공간도 자유로운 평면 분할을 위해 기둥 사이의 간격이 넓은 라멘조(Rahmen structure: 기둥과 보가 굳건히 연결되어 이를 기본 단위로 하중을 전달하는 건축 구조 시스템으로, 철근 콘크리트 구조, 철골 구조의 개발과 함께 근대기부터 특히 널리 쓰였다) 구조를 택하였으며, 평면 구성에서도 종래 외관의 형식에 얽매이던 데서 탈피하여 경제성과 실리성을 기반으로 하는 철저한 합리주의적 면모를 보인다.

이 건축이 세워진 곳은 빈에서도 가장 상징적이고 중심적인 장소인 합스부르크 왕조의 궁전 호프부르크(Hofburg)가 위치한 미카엘 광장의 건너편이었다. 격자의 창으로 무심히 뚫린, 아무런 장식이 없는 이 건물은 온갖 화려한 장식으로 둘러싸인 왕궁에 대한 모독으로 간주되었으며, 빈이라는 도시가 아름다운 장식에서 비롯되었다고 믿는 시민들에게는 반역이기까지 한 건축이었다.

    당연히도 건물을 짓는 동안, 이 새 건물에 반대하는 광범위한 비난 전선이 일었다. 비난은 주로 상부 구조에 장식이 없다는 점에 집중되었다. '눈썹 없는 건물'이라던가 '맨홀 뚜껑 같은 건물' 등의 말들이 여기에 동원된 주된 비난의 언어였으며, 심지어는 로스에 호의적이었던 비평가들조차 이 말에 동의하였다. 귀족주의의 퇴폐적 환각에 사로잡힌 빈 시민들의 비난은 그 건축의 건설반대운동을 일으킬 정도로 심각하였다. 그가 그러한 빈 시민을 한 심포지엄에 초청하여 질타한다. "옛날에는 어느 곳에 모뉴멘탈한 건물이 들어서면 나머지는 이를 위해 침묵했다. 그러나 오늘날은 어떠한가. 모두들 죄다 소리지르고 있지 않은가. 우리의 도시는 아우성 속에

합스부르크 왕가의 궁궐인 호프부르크와 로스 하우스[왼편]
미카엘 광장 주변의 건축들 미카엘 광장 한복판에서는 로마시대의 유적이 발굴되어 노천 전시되고 있다.[위]

신음하고 있다."

그는 참된 언설을 외면해온 빈 시민들을 향하여 새로운 시대에 새로운 건축, 진정한 새로운 삶의 형태를 가질 것을 온 힘을 다해 호소하였다. 합스부르크 왕조의 화려한 왕궁이 마주한 자리에, 주변의 건물들은 서로 질세라 과도한 장식과 조각으로 뒤덮여 있다. 건축의 구조는 이미 거짓이 되었고 건물의 표정은 시대를 역행한다. 그러한 공허한 건물군 속에서 이 건축은 단연코 빼어난 침묵의 수사를 뱉은 것이다.

결국 그토록 소란스럽던 빈의 거리는 로스에 의해 비로소 침묵의 아름다움을 배우게 되었고, 시민들은 그 속에서 오히려 돋보여진 삶의 방식에 결국 동의하였으며 그 집을 로스 하우스라 부르면서 이 선각자의 혜안과 의지를 경외하게 되었다.

당대의 철학자인 칼 크라우스(Karl Kraus)는 이 로스 하우스를 두고 이렇게 평하였다. "아돌프 로스는 미카엘 광장에 건축을 세운 것이 아니라 철학을 세웠다."

이로써 빈은 혼돈의 시대, 문화적 퇴행, 각종 파편적 형태와 허식, 즉 이들을 총칭하는 세기말적 위기를 극복하고 새로운 문화의 지평을 연 모더니즘으로 한발짝 내딛었으며, 이러한 중대한 전환점에 기꺼이 섰던 건축가 아돌프 로스와 그의 로스 하우스는 오늘도 침묵하며 미카엘 광장을 내려다보고 있다.

이미 한 세기 전의 일이며, 그것도 우리와 뿌리부터 다른 먼 나라의 역사가 작금에 와서 끊임없이 상기되는 까닭은 무엇일까. 왜 잘살아야 하는지도 모른 채 잘살아보자고 질주해온 우리의 오늘, 천민자본이 득세하여 도시는

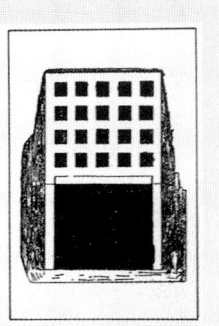

세쎄션 전시회 포스터. 여백이 등장하고 있다. 왼쪽
로스 하우스를 둘러싼 논쟁을 중재하기 위해 마련한 강연회 포스터 가운데
창가에 장식을 배제한 로스 하우스를 맨홀 뚜껑에 비유한 당시의 신문 삽화 오른쪽

이웃을 인정하지 않으려는 일그러진 건축물들로 어지럽고 그 속의 문화에는 퇴폐와 저질이 만연해 있으며, 사회는 온통 부정과 부패의 가십으로 가득차 있다. 포스트모던, 해체주의의 불연속적 정황과 찌꺼기가 우리의 삶터를 마구 유린하고 국적불명, 정체불명의 난잡한 몰취미와 우매함, 말초적 유희에의 탐닉 등이 이 도시의 건축을 파편화시키고 결국 우리의 삶을 일그러뜨리는 이 시점이, 한 세기 전 그들의 세기말적 상황과 너무나도 닮아 있다.

그렇다면 우리는 이 미궁의 시대를 꿰뚫을 새로운 시대정신을 구할 수 있어야 한다. 로스의 건축이 다시 우리에게 필요하지 않은가.

호프부르크 왕궁의 후문 안에서 바라본 로스 하우스

Adolf Loos

아돌프 로스 1870 1900

체코슬로바키아의 브륀(Brünn)에서 태어난 로스는 라이헨베르크(Reichenberg)와 드레스덴(Dresden)의 기술대학에서 수학한 후 미국으로 건너가 청년기를 보냈다. 석공과 목수로 일했던 3년의 기간 동안 그는 시카고 박람회 등을 통해 미국 문화로부터 많은 영감을 얻었다. 1896년 유럽으로 돌아와 빈에 정착한 그는 먼저 저술 활동을 통해 명성을 날렸다. 직접 편찬했던 『타인(Das Andere)』을 비롯한 각종 잡지에 기고한 글에서 로스는 이성에 바탕을 둔 지적 문화로서 건축을 인식하면서 근대에 여전히 남아 있던 장식문화를 경제적·역사적·문화적 이유에서 배척하였다. 요셉 호프만(Josef Hoffmann)이나 요셉 마리아 올브리히(Joseph Maria Olbrich) 등 당시의 대표적인 세쎄션 건축가들과 입장을 달리했던 그의 글들은 이후 『공허에 대한 외침(Ins Leere Gesprochen, 1921)』과 『트로츠뎀(Trotzdem, 1931)』 등 묶음집으로 출간되어 건축 이론계에 큰 영향을 미쳤다. 설계 작품으로는 1907년 아메리칸 바(American Bar)로도 알려진 캐른트너 바(Kärntner Bar)로 주목을 받았으며, 이어 입면에 장식이 배제된 빈의 로스 하우스(Looshaus, 1909~1911)로 자신의 건축관을 실현해보였다. 주택 작품인 빈의 슈타이너 저택(Steiner House)과 몰러 주택(Moller House, 1927~1928), 프라하의 뮐러 주택(Müller House, 1930)에는 그의 공간 조직 원리인 '라움플란(Raumplan)'이 드러나 있다. 1912년 정식 허가 없이 건축학교를 설립하여 후학을 양성한 그는 1920년대에 파리로 이주하여 소르본 대학에서 강의하기도 했다.

• 로스 하우스 메자닌층 평면

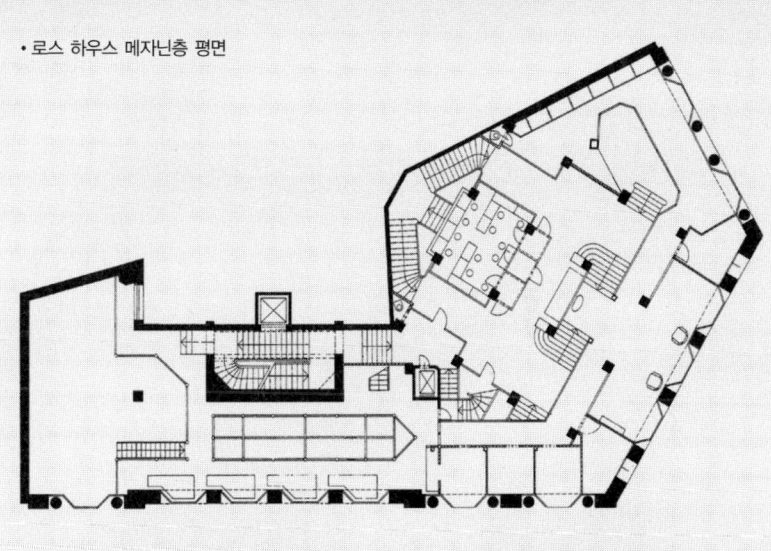

이상주의자가 빚은 기념비
주 세 페 테 라 니 와
코 모 파 시 스 트 의 집

나는 건축이 우리의 삶을 바꿀 수 있다고 믿는 이들 중 하나이다. 그래서 건축을 그리고 만드는 일을 한순간의 유희로, 혹은 하나의 비즈니스 가치로만 여기는 것은 어쩌면 죄악에 가까운 일이라고 생각하기도 한다. 우리들 삶의 존엄성에 대한 생각 때문에 그러하다. 이것은 어떤 의미에서는 강박관념이다. 그러나 이러한 강박관념이 나로 하여금 끊임없이 건축에 대해 사유하게 하고 지적 훈련을 하도록 만든다.

내가 아는 한 건축사에 빛나는 수많은 건축가들 모두 이러한 강박관념에서 벗어나 있지 않다. 이러한 진정성을 움켜쥔 그들은 때때로 혁명가였으며 수시로 구도자적 삶을 살았고 기본적으로 이상주의자들이었다. 또한 건축사 속에 기록되지 않은 수많은 무명의 건축가들도 그들이 정통적 건축의 길을 걸었다면 그들의 이상을 실천함으로써 조금이나마 세상을 바꿀 수 있다고 믿는 자들이었을 것이다. 당연히도 현재 우리의 삶은 그들이 쌓아 올린 이상에 기초하여 이루어지고 있음은 두말할 나위가 없다.

이탈리아 밀라노에서 북쪽으로 스위스와의 접경지역에 코모(Como)라는 조그만 도시가 있다. 이 도시의 주변은 티치노(Ticino)라는 지역과 연계되어 있는데 이 지역의 풍광은 이루 말할 수 없이 아름다워 여행자들을 그냥 지나치지 못하게 한다. 스위스와 바로 인접해 있는 이 코모 역시, 그 풍경의 아름다움이 다른 도시와 비견할 때 결코 떨어지지 않는다. 특히 이 도시는 알프스 산맥의 맑은 물이 흘러들어온 호수를 끼고 있어 더욱 인상적이다.

이런 곳에 세워진 건축은 비록 평범한 모습을 하고 있더라도 아름답게 보이기 마련이며, 역사적 분위기를 고스란히 가지고 있는 이탈리아의 여느 마을과 마찬가지로 코모의 건축 역시 자연과 역사가 한데 녹아 있다. 이 평

코모 대성당과 광장을 사이에 두고 마주한 파시스트의 집

화로운 도시의 가로를 산책하는 것은 여간 즐거운 일이 아니다. 유쾌한 기분으로 시작한 여행자의 발걸음은 자연스레 도시의 중심에 위치한 코모 대성당에 다다름으로써 이 도시 산책의 대미를 장식하게 된다. 그러나 그 순간, 우리 모두를 갑자기 긴장시키는 사건이 생긴다.

도무지, 누적된 역사의 수많은 켜들을 가진 이 도시에 있을 것 같지 않은 건축이 코모 대성당의 뒤편에 당당히 서 있는 것이다. 그것도 참으로 정연하며 기품 있게 생긴 현대 건축이 바로크의 성당을 마주보며 대립하듯 세워져 있다.

더욱 놀라운 것은 이 '현대 건축'이 요즘 세워진 것이 아니라 벌써 70년이 훌쩍 넘은 1932년에 세워지기 시작하여 1936년에 완공되었다는 사실이다. 1930년대가 어떤 때인가. 가까스로 모더니즘이 새로운 시대의 새로운 시대정신이 되었다고는 하나 여전히 전통과 역사의 질곡에서 벗어나지 못한 시대이며 더욱이 새로운 이념의 투쟁으로 사회가 혼미할 때이고, 경제적으로는 세계 경제공황의 어려움을 아직 떨치지 못한 때이다. 바야흐로 제국주의자들의 탐욕이 심각한 대립을 가져온 시대였던 것이다.

이러한 때, 지금 봐도 지극히 '현대적인' 건축을 세운다는 것은 여간한 신념을 가진 자 아니었으면 결코 불가능한 일이다. 그렇다면 이를 세운 이는 과연 누구인가.

주세페 테라니(Giuseppe Terragni)라는 건축가였다. 한 가지 더욱 놀라운 사실은 그의 나이 불과 28세 때 파시스트의 집(Casa del Fascio)이라 명명된 이 놀라운 집을 설계했다는 것이다.

그는 1904년 밀라노 근교 메다에서 건설업을 하는 집안의 아들로 태어났다. 유년시절 어머니의 고향인 코모로 이주하여 학교를 다녔으며 이어 코모 공과대학의 물리 수학부에서 수학한 후 다시 밀라노 공대 건축과에 입학하여 1926년에 졸업한다.

그는 졸업하면서 다른 6명의 건축 동지들과 함께 '그루포 세떼(Gruppo 7)'라는 모임을 결성하게 되는데, 역사가들은 이 그룹의 결성을 이탈리아 합리주의의 첫 결성이었다고 기술하고 있다. 이렇듯 이탈리아 근대 건축의 전환점이 되는 일대 사건이 이들 젊은이들에 의해 일어났던 것이다. 그는 졸업 후 연 전시회나 여러 곳에 기고한 글을 통하여 그의 건축적 신념을 광범하고도 적극적으로 표명한다. 그 결과 많은 일들이 그에게 주어지게 되며, 드디어 1932년 코모의 파시스트 당 연방서기국으로부터 이 신념의 건축을 설계할 것을 주문받게 된다.

그가 교육받은 밀라노 공대 건축과의 수업 내용은 다분히 역사적 건축에 관한 것이었으나 20년대부터 그의 나라에 불기 시작한 파시즘에 영향을 받으면서 역사적 질곡에 대해 저항할 실마리를 찾는다. 그는 파시즘을 통해 그의 세계관이라 할 수 있는 빛나는 지중해 문화의 부활에 대한 확신을 갖게 되었을 것이다. 물론 그가 자란 배경인 코모의 지역성으로부터 받은 막대한 영향도 무시할 수 없다.

그는 얌선한 성격의 소유자였으나, 그가 가진 이중성은 건축가 테라니를 이해하는 데 필수적이다. 그는 건축적으로는 추상 계열에 속하면서도 즐겨 그렸던 그림은 구상적인 것이었으며, 골수 파시스트이면서 동시에 독실한 가톨릭 교도였다. 상당한 지적 훈련을 쌓은 그였지만 말 많은 자를 경

티치노의 산악을 배경으로 광장을 마주하고 서 있는 풍경

멸하는 모습을 보이기도 했으며, 모더니스트임에는 틀림없었지만 그의 속내에는 고전 건축이 깔려 있었다. 본질적으로 극단적인 도덕주의자였던 그는 기념비적 건축가와 타협하는 것을 거부했으나 그가 경멸한 코모 파시스트 당 책임자와 같이 일하는 등, 모순적이고 이중적인 태도를 보이기도 했다.

무엇보다도 그가 믿었던 신념은, 보편성을 기초로 하는 가톨릭과 특수적 우월성을 우선으로 하는 파시스트를 화해시키는 것이었다. 이 두 가지 반대되는 입장의 화해는 극심한 내부 모순을 포함한 일이었건만 그는 이 통합이 가능하다고 믿었으며, 그의 신념의 결정이 되는 건축을 통해 이를 실현해나가고자 했던 것이다.

코모 파시스트 당은 새로운 시대를 위한 건축을 세우기 위해 새로운 건축가를 물색하는 과정에서 건축적으로 신념에 차 있는 이 28세의 젊은 건축가를 주목하게 된다. 특히 그가 골수 파시스트라는 것은 그를 이 건축 설계의 적임자로 지목하는 데 가장 긍정적인 측면이었으나, 그의 나이가 이제 겨우 약관이라는 것을 염려하여 엄중한 주문을 한다. '새롭고 기품 있는 모던한 건축, 그러나 실험적이지 않을 것' — 그가 받은 주문의 골자였다.

그는 새로운 사회의 건설을 꿈꾸는 이 파시스트 당사를 위해 엄정한 기하학적 질서를 갖는 백색의 상자를 그려내 보였다. 한 변이 33.2m인 정사각형의 평면과, 정확하게 그 치수의 반이 되는 16.6m 높이의 입면 대리석 덩이였다. 평면은 기본적으로 유럽 건축의 전형을 이루어온 나인 스퀘어(Nine Square: 사각형을 9개의 면으로 나누어 가운데 부분을 가장 중요한 공간으로 두는 형식)로 되어 있다. 비록 견고한 대리석 덩이이지만, 그 속에는 2층 높이의 천창을 통하여 현란하게 빛이 들어오는 아트리움이 있고 그 주변에 투명한 유리로 구획된 방들이 있어 이 속은 완벽하게 다른 세계가 된다. 그는 그가 믿었던 파시즘의 투명성을 이 집을 통해 설명하려 했을지도 모른다. 실제 이 집은 '파시즘의 유리집'으로 불리기도 하였다.

내부 기능이 달라 다른 표정을 갖기 쉬운 입면은 엄정한 비례질서하에 통합되어 있다. 특히 이 통합된 입면과 다른 켜를 갖는 내부가 더욱 풍부한 입면의 깊이를 연출하는 것은 현대 건축의 교본이 된다. 통합된 입면이라고는 하나 실제로 네 개의 면으로 되어 있는 입면은 각기 다른 표정으로 각기 다른 도시의 풍경을 마주한다. 특히 코모 대성당을 마주하는 정면은 비록 비대칭의 입면이지만 강한 정면성을 가지고 있으며 역사 건축의 무거운 부담을 정면으로 응시하면서 새로운 이념, 새로운 역사의 도래를 침묵으로 가리킨다. 그 사이에 놓인 임페로 광장은 이 두 건축이 만드는 팽팽한 긴장 속에 있다.

이 긴장은 가톨릭과 파시스트의 대립인가, 아니면 그가 꿈꾼 두 원칙의 화해인가.

이 집이 세워진 후 열화와 같은 반응들이 있었다. 어떤 것들은 찬사였지만 많은 부분들이 비난이었다. 심지어는 '건축가 테라니의 나르시시즘에서 비롯된 철저한 개인주의적 산물'이라고 혹평하는 평론도 있었다.

이에 이 건축의 본질을 이해하지 못하는 파시스트 당의 한 간부는 몇 가지 장식을 달 것을 주문하였고, 테라니가 이에 응하지 않자 다른 사람에게 그 변경을 의뢰하여 구체적 대안까지 만들도록 하였다. 스스로 파시즘의 본질적 이상을 누구보다도 충분히 이해한다고 믿었던 테라니에게, 더구나

1층 홀 내부. 천창으로부터 절제된 빛이 들어온다.

1층 홀에서 코모 대성당 쪽을 바라본 모습 위

1층 홀은 내부의 광장이다. 가운데

1층 홀 상부. 2층 높이까지 열려 있다. 아래

이 건축이 자신의 이상실현임을 굳게 믿었던 그에게 이 무례한 파시스트의 언사와 다른 건축가와 예술가들의 견강부회(牽强附會)는 참을 수 없는 모욕이었을 것이다.

　실제로 이 건축에 대한 평가는 곧이어 발발한 전쟁과 새로운 사조의 출현으로 잊혀지고 말았다. 그러나 새로운 단편적·단말마적 건축사조가 유행처럼 번지던 1970년대에 들어와 건축의 본질을 찾고자 하는 참된 지식인들에 의해 이 건축의 정신은 다시 부활할 수 있었다. 역사학자 파올로 포사티(Paolo Fossati)는 절대적 형태의 결정체인 이 건축이야말로 정치와 시민생활에 관한 리얼리티의 명백한 표현이며 절대가치를 갖는 개인주의의 승리라고 평한다. 유명한 건축사가 레이너 밴험(Reyner Banham)의 평가는 더욱 극적이다. "이 파시스트의 집은 1930년대에 이루어진 가장 빛나는 업적 중의 하나이다. 대성당과 극장을 둘러싼 광장을 가로질러 보이는 이 건축의 정면은 과연 절경이다. 그것은 신성한 비례규율에 의해 대리석 위에 각인된 불멸의 기호인 것이다."

　그렇다. 테라니가 세운 이 건축은 고전주의에 대한 투쟁을 독려하는 근대 건축 양식의 범전이었고, 합리적 정신으로 무장한 그의 이상이 빚어낸 기념비였던 것이다.

이상주의자 테라니는 이탈리아가 2차대전에 개입하여 독일 나치와 연맹하자 러시아 전선이 형성된 발칸 반도의 전쟁에 참가하게 된다. 그는 전쟁 중에도 건축을 그리는 일을 그만두지 않았다. 오히려 주옥같은 계획안들이 줄줄이 발표되었다.

　그러나 그는 이내 신경쇠약이라는 진단을 받고 전쟁 중이던 1943년

집으로 후송된다. 왜 신경쇠약이라는 정신질환을 앓아야 했을까. 혹시 그의 이상이었던 파시즘이 인간을 황폐화한다는 것을 알게 되어서였을까. 그래서 결국 파시즘은 '인간 존엄성에 대한 존중'이 최상의 가치여야 하는 건축과 대립된다는 것을 깨닫게 된 것은 아닐까.

병중이던 그는 결국, 그가 사랑하던 여인 마리아 카스텔리의 집 계단 위에서 죽고 말았다. 그가 불멸의 건축을 세웠다고는 하나, 그의 나이 불과 39세 때의 일이었다. 그리고 그날은 공교롭게도 이탈리아 파시즘 종말의 6일 전이었다.

외부 광장과 내부 광장을 연결하는 현관 부분의 매개 공간

Giuseppe Terragni

주세페 테라니 1904-1943

밀라노 인근의 메다(Meda)에서 태어난 테라니는 코모(Como) 공과대학을 나온 후 밀라노의 과학기술학교에서 건축을 공부했다. 1926년, 6명의 친구와 함께 이탈리아 근대 건축사에서 중요한 역할을 담당했던 '그루포 세떼(Gruppo 7)'를 창립했으며, 저술 활동을 통해 신고전주의와 신바로크 부흥운동에 맞서 합리주의에 바탕을 둔 근대적인 건축 운동을 전개해나갔다. 1927년 엔지니어인 형 아틸리아(Atilia)와 함께 코모에서 설계사무실을 열었으며, 28년에는 로마에서 열린 제1회 합리주의 건축 전시회에 코모의 노보코뮴(Novocomum) 아파트와 가스 공장 계획안을 제출하여 주목을 끌었다. 이후 건축 실무에 종사한 13년의 짧은 기간 동안 테라니는 파시스트의 집(Casa del Fascio, 1932~1936), 산텔리아 유치원(Kindergarten Sant'Elia, 1936~1937), 줄리아니-프리게리오 아파트(Giuliani-Frigerio Apartment Building, 1939~1940) 등 대표작들을 지었으며 단테움(Danteum, 1938) 등 프로젝트도 다수 설계했는데, 그의 작품은 합리적이면서도 시적인 차원을 함께 견지했던 것으로 평가받고 있다. 1940년, 이탈리아가 2차대전에 참전하면서 러시아 전선에 투입된 테라니는 이 기간에도 코모 코르테셀라(Cortesella) 지구 재개발 등 꾸준한 설계 활동을 펼치지만 3년 후 신경쇠약 때문에 고향으로 이송된 뒤 39세의 나이로 사망하였다.

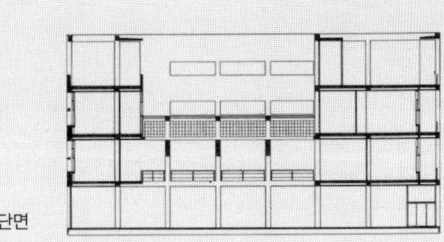
• 단면

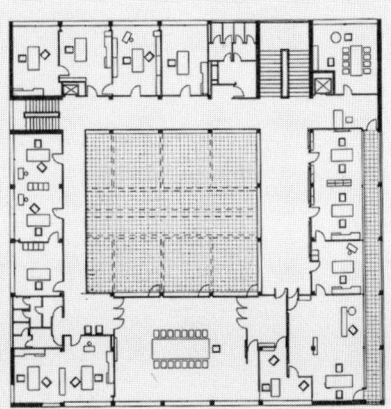
• 2층 평면

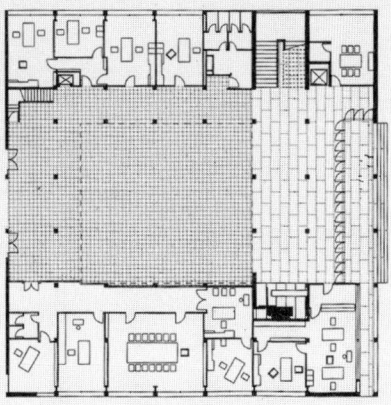
• 코모 파시스트의 집 1층 평면

0　　　　　20M

3

슈투트가르트에서 일어난 혁명
바 이 센 호 프   주 거 단 지

요즘 내가 목격하는 주거에 대한 우리의 태도는 도가 지나쳐도 한참을 지나쳐 있다. 주거라는 존재가 우리의 삶의 문제에서 벗어나 부동산의 처지로 전락한 지는 오래되었지만 이제는 재산 증식의 차원을 넘어 로또 같은 투전의 대상으로 인식되고 있는 게 현실이다.

재건축이 결정되었다고 현수막을 내걸면서 자기가 사는 집과 동네가 헐리게 되었다고 좋아하는 나라는 아마도 우리나라밖에 없을 것이다. 가풍이고 뭐고 없다. 그냥 적당히 살다가 비싼 값에 되팔고 또 다른 투기 현장 속으로 찾아가서 삶을 맡기면 그뿐이다. 이른바 도시의 유목민처럼 우리의 삶은 부유하고 방황하니, 가벼울 대로 가볍기 그지없다.

하이데거의 말을 빌리면 우리의 '존재함'이란 '거주하는 것'을 의미한다. 즉 주거 자체가 우리 자신이라는 말인데 우리 자신을 매매나 요행의 가치로 취급하고 있으니 지속되지 못하는 우리의 삶에 문화가 생겨날 리 없고 건강한 공동체가 형성될 리 만무하다. 그래서 우리 사회는 점점 더 소모적이고 투쟁적이 되어가는 것일 게다.

독일 프랑크푸르트에서 남쪽으로 150km 정도 떨어진 곳에 로텐부르크(Rothenburg)라는 작은 도시가 있다. 지난 1999년, 파주에 출판도시를 꿈꾸는 출판인들이 본격적인 건설을 앞두고 유럽의 도시와 건축을 기행하면서 들른 도시 중 하나이다. 나는 파주출판도시의 건축 설계를 조정하고 지휘하는 코디네이터로서 이 기행을 기획하였지만, 몇몇 장소는 출판인 스스로 정보를 얻어 가보기를 원했던 곳이다. 그중 하나가 이 로텐부르크였고 열흘 일정 중 첫 기착지였다.

아름다운 풍경이 전개되어 로맨틱 가도(Romantischestrasse)라는 이름이

완공 당시 바이센호프 전경

붙은 길에 면한 로텐부르크는 12세기에 황제의 도시로 지정되면서 남부 독일의 중심지로 발달해왔으며 현재에도 옛 모습이 고스란히 간직되어 있는 천년의 고도이다. 앙증맞은 첨탑들과 경사진 지붕의 아기자기한 집들, 붉은 돌과 벽돌로 통일된 듯한 이 작은 도시의 풍경은 그야말로 아름다웠다. 아마도 그 기행에 참가한 출판인들 모두가 마음속에 이런 이국적 풍경의 도시를 그리고 있었을지 모른다. 이 도시를 보며 그들은 감탄에 감탄을 거듭하였다.

그러나 나는 동행한 몇몇 건축가들과 이 마을을 거닐면서, 다음날 방문하게 되어 있던 슈투트가르트의 한 작은 주거지역에 대해 걱정하고 있었다. 로텐부르크를 좋아하는 이들이 백색 슬라브 집들로 이루어진 주거단지에 호감을 가질 리 만무하다고 생각했던 것이다.

1920년대 후반, 슈투트가르트의 북쪽 언덕에 건설된 바이센호프 주거단지(Weissenhofsiedlung)라는 곳에서 발생한 건축의 혁명을 상기하는 일이 새로운 도시를 꿈꾸는 출판인들에게는 더없이 좋은 현장이라고 여겨져 그곳으로 인도하는 길이었다.

유럽의 20세기 초는 소위 건설의 시대였다. 시민혁명과 산업혁명으로 유럽인들은 종래와는 전혀 다른 삶을 살게 되었다. 신분이 자유로워졌으며 물질도 축적할 수 있게 된 이들은 끊임없이 도시로 밀려들었다. 자유와 풍요를 찾아 밀려오는 인구를 수용하기 위해 수없이 많은 도시와 건축이 만들어졌으나, 새로운 기회를 통해 신흥 부자가 된 이들 대부분은 과거 귀족들의 삶을 꿈꾸고 있었다. 귀족을 흉내내 화려한 무늬의 옷을 입고, 경사진 지붕에 온갖 상식이 날린 집을 소유하는 것은 그들 삶의 목표였다. 이미 시대는 봉건 질서가 무너지고 가족 형태도 바뀌고 있었지만 그들이 추구했던 것은 과거에 대한 허영이었기 때문에 시대는 바야흐로 퇴행적 위기에 직면하고 있었던 것이다.

그러나 새로운 시대를 직감한 지식인들은 서로를 격려하고 논쟁하며 새로운 가치를 찾고 있었으니, 예술과 산업의 합치를 이루기 위해 건축가와 예술가들이 모여 만든 독일공작연맹(Deutscher Werkbund)도 새로운 시대정신을 구현하기 위한 모임 중 하나였다.

이 모임의 핵심 멤버였던 루드비히 미스 반 데어 로에(Ludwig Mies van der Rohe)는 슈투트가르트 시 당국으로부터 바이센호프 지역에 주거단지 설계의 책임을 요청받으면서 현대 건축사에 일대 전기를 마련하게 된다.

3,000평 남짓한 경사진 부지에 결과적으로 33동의 단독주택과 공동주거건축을 세웠을 뿐이지만 이 건축은 세계 건축계의 논쟁의 중심에 서서 곳곳에 많은 아류를 생산해냈다. 또한 이는 국제주의 형식이라는 새로운 사조를 만들어 세계 건축을 변하게 했을 뿐 아니라 우리의 삶을 바꾸는 데 혁혁한 공을 세우게 된 일대 사건이었다.

1920년대 중반 사회의 안정을 위해 힘쓰던 중앙정부의 강력한 지원을 얻은 슈투트가르트 시 당국은 전략적 차원에서 그 당시 독일공작연맹에서 가장 중요한 인물이었던 미스에게 이 일의 전권을 맡긴다. 불과 30대 중반을 넘긴 나이로 시대의 전환점에 서게 된 그는 주어진 일의 중요성을 직감하고 그가 믿어온 새로운 가치를 구현하기 위해 엄난한 과정을 겪어야만 했다.

미스는 전체 마스터플랜을 세우고 난 후 개별 건축 설계를 진행하기 위해 유럽 전역으로부터 젊은 건축가들을 불러 모은다. 대부분 약관의 나

이로 그들에게는 기존 건축 사회가 생소한 것이어서 보수적 건축계나 공무원으로부터 끈질긴 반대와 냉소에 부딪히곤 하였다. 더러는 공개적으로 대대적인 항의를 받았으나 미스는 모든 비난을 무릅쓰고 이를 관철시켜나간다. 이는 새로운 건축을 위해서는 새로운 시대에 대한 비전을 가진 젊은 건축가가 참여해야 한다는 그의 뜻이기도 했다.

비슷한 나이였던 르 코르뷔지에(Le Corbusier)를 비롯하여 바우하우스(Bauhaus)의 교장 발터 그로피우스(Walter Gropius), 베를린 필하모니 홀을 설계한 한스 샤로운(Hans Scharoun) 등 초빙된 16명의 건축가들은 당시 대부분 30~40대였지만 이들은 이 일 이후 20세기의 문화를 일군 불멸의 건축가로 기록된다.

이들은 1927년 6월 23일 '주거(Wohnung)'라는 제목으로 현장에서 대규모의 전시회를 개최하는데, 그 전시회의 포스터가 이들이 역사에 대해 취한 태도를 단적으로 보여주었다. 포스터에는 화려한 장식으로 치장된 옛 집이 그려져 있었고, 그 위를 강렬한 가위표로 뭉개버렸으니 이는 과거와 결별한다는 표시였다.

실제로 그들이 그린 주거는 종래의 주택과는 판이하게 달랐다. 지붕은 모두 평지붕이었고 집들은 거의 백색으로 마감되어 전통적 풍경과는 전혀 다른 모습이었다. 기성 건축계는 이 전시회에 출품된 주거단지가 마치 예루살렘 교외의 한 마을 같다고 비아냥거렸다.

그러나 이 새로운 주거 형식은 미래 여성의 역할에 관심을 가지고 가사노동 시간을 줄이기 위해 방들을 기능적으로 배치하고 짧은 동선으로 효율을 극대화하였으며, 주택 내부에 일광을 밝게 끌어들이는 등 한기와 위

1. 미스의 아파트에서 아우트의 연립주택을 보는 풍경
2. 미스의 아파트 블록
3. 르 코르뷔지에와 피에르 잔네레의 공동주택
4. 페터 베렌스의 아파트
5. 마트 스탐의 공동주택
6. 아우트의 연립주택
7. 한스 샤로운의 단독주택

생에 각별한 관심을 기울인 결과였다. 건설 비용과 관리 비용을 줄이기 위해 불필요한 공간과 장치를 모두 없앴으며 장식을 철저히 배제하여 거주하는 사람의 움직임이 돋보이도록 하였다. 집은 이제 신분의 상징이 아니라 삶의 도구였다.

르 코르뷔지에는 그가 오랫동안 연구해오던 다섯 가지 현대 건축의 원칙을 여기에서 실현하였고, 미스는 '테크놀로지'에 대한 신념하에 표준화를 통한 주택의 대량생산 방식을 이룩하였다. 이제 불투명하고 둔중했던 주택의 모습은 투명해지고 테라스 주택 같은 새로운 유형이 만들어졌다. 모든 건축가들이 새로운 선언을 하고 나타났으니, 이는 로텐부르크 같은 역사에 매여 있는 도시를 생각할 때 가히 혁명이라 할 만했다. 전시회의 개막식에서 미스 반 데어 로에는 단연코 다음과 같이 선언한다. "우리가 여기에 설계한 것은 집이 아닙니다. 바로 새로운 시대의 새로운 삶을 설계하였습니다."

건축이란 무엇인가. 한마디로 하면 '우리의 삶을 조직하는 것'이 건축이다. 우리가 어떻게 살아야 할 것인가를 결정하는 게 건축의 설계이다. 집의 모양은 그 조직체의 결과이며 단순히 집의 모양에만 관심을 갖는 것은 건축을 일개 조형물로 보는 잘못된 관점이다. 건축은 '공간'에서 본질적인 힘을 얻는다. 눈에 보이지는 않지만, 우리를 지속시키는 것은 공간의 힘이며 그 공간의 법칙은 우리의 삶을 지배하고 결국 우리를 변화시킨다. 그래서 한 공간에 오래 산 부부는 결국 닮게 되는 것이다. 그렇다. 하이데거의 말처럼 주거는 우리의 삶 자체이며 우리의 존재다.

로텐부르크에서 바이센호프까지는 긴 여정이었다. 나는 슈투트가르트에서 일어난 이 혁명을 있는 힘을 다해 설명했다. 그렇지 않으면 우리 주변에서 흔히 볼 수 있게 된 아파트며 슬라브 집이며 상자곽 집을 왜 보러 오게 했는지 비난받을 게 틀림없었기 때문이다.

    나의 설명이 끝나고 버스가 현장에 도착해 우리들을 내려놓았을 때, 로텐부르크의 과거에서 떠들썩하던 것과는 달리 일행 모두 진지해졌다. 오늘날 우리의 삶의 모습을 갖게 한 그 역사적 현장에 있다는 사실을 인식하고 있는 듯하였으니, 드디어 건축의 진실에 대해 눈을 뜨기 시작한 것이다.

1-4   루드비히 미스 반 데어 로에 Ludwig Mies van der Rohe

5-9   J. J. P. 아우트 J. J. P. Oud

10   빅터 브르주아 Victor Bourgeois

11-12 아돌프 G. 슈넥 Adolf G. Schneck

13-15 르 코르뷔지에 Le Corbusier / 피에르 잔네레 Pierre Jeanneret

16-17 발터 그로피우스 Walter Gropius

18   루드비히 힐버자이머 Ludwig Hilberseimer

19   브루노 타우트 Bruno Taut

20   한스 푈찌히 Hans Poelzig

21-22 리하르트 되커 Richard Döcker

23-24 막스 타우트 Max Taut

25   아돌프 라딩 Adolf Rading

26-27 요셉 프랑크 Josef Frank

28-30 마트 스탐 Mart Stam

31-32 페터 베렌스 Peter Behrens

33   한스 샤로운 Hans Scharoun

• 바이센호프 주거단지 배치도

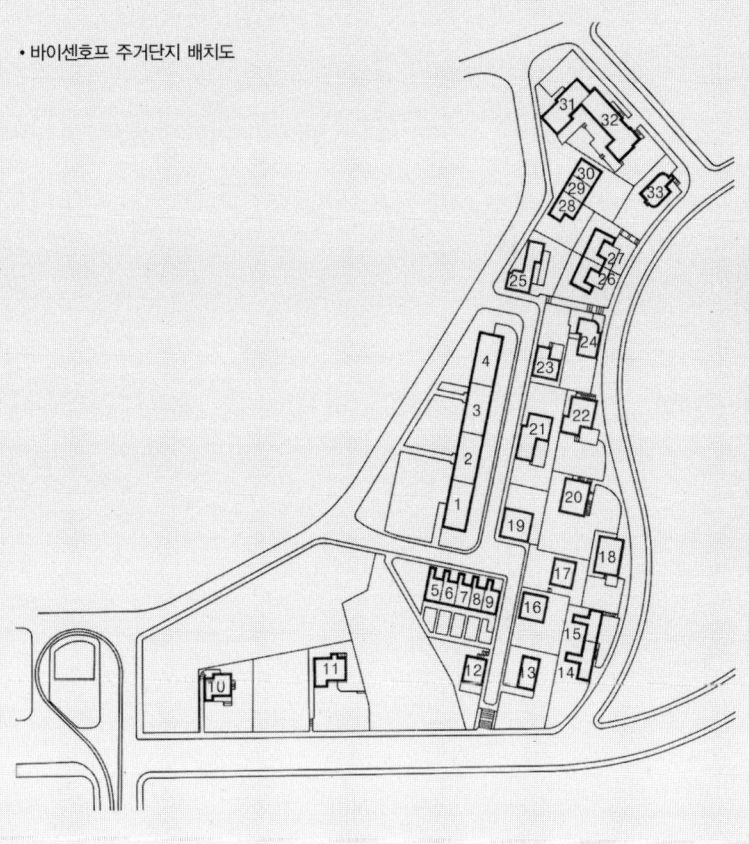

4

아름다운 건축 산책로, 서구주택의 완성
빌 라   사 보 아

주거건축의 역사는 일반 건축의 변천사와는 그 궤를 달리한다. 지나간 건축의 역사, 특히 서양의 건축 역사가 고전 양식의 시대를 시작으로 통합되어 기록된 후 로마네스크나 고딕, 르네상스 혹은 바로크, 로코코, 고전주의 등 비교적 명료하게 시대구분되어 기록되어 있고 또 그 시대별로 확연한 양식의 차이를 보이는 데 비해 주거건축은 그렇지 못하다. 로마시대의 주거나 중세의 주거나 그 양식에는 별반 차이가 없으며 심지어 현대의 주거와 비교해도 설비 등의 기계적 시설만 제외하면 수천 년 전의 것과 그다지 차이가 없다. 실제로 현대 주거 형태의 대표격인 아파트라는 집합 주거 형식도 사실은 현대에 처음 생겨난 것이 아니어서, 로마시대에 이미 7~8층의 집합 주거가 있었다는 것을 알면 이런 사실에 쉽게 동의할 것이다.

주거의 변화가 그렇게도 더딘 것은 아마 주거라는 것이 우리의 삶과 일차적이고 직접적으로 관련되어 있기 때문일 것이며, 인간이 삶에 대해 본디 급진적인 변화를 바라지 않는 보수적인 성향을 지녔기 때문일 것이다. 그렇기 때문에 그 삶을 담는 그릇인 건축에서도 지극히 보수적인 변화를 가져왔을 것으로 판단된다.

그러나, 그럼에도 불구하고 새로운 시대의 도래를 확연히 증언하는 주택이, 투철한 시대정신을 가진 위대한 건축가에 의해 세워져 보석같이 귀한 존재로 건축사에 기록되는 경우가 있어 여간 경외스러운 일이 아니다. 르 코르뷔지에가 설계하여 세운 빌라 사보아(Villa Savoye)도 그러한 경우 중 하나이다.

지난 세기 가장 위대한 건축가 중 하나인 르 코르뷔지에, 그는 '건축가는 지적 감수성으로 보편적 세계를 보는 자'라는 명구에 정확한 모범이 되는

3층으로 올라가는 외부 램프

건축가이다. 탁월한 감수성을 가진 예술가였으며 엄청난 자기훈련을 통한 지식의 축적으로 이를 정제시킨 지성인이었고, 보다 나은 세계를 위해 부단히 주장하고 제안하고 이를 실현한 건축가였다.

르 코르뷔지에는 세기말의 위기가 감돌던 1887년, 스위스에서 시계 디자이너인 아버지와 교사였던 어머니 사이에 샤를 에두아르 잔네레 그리(Charles Edouard Jeanneret-Gris)라는 이름으로 태어났다. 그는 당시 근대 건축 운동의 핵심 반열에 있었던 오귀스트 페레(Auguste Perret)와 페터 베렌스(Peter Behrens)에게서 건축을 배운 후 불과 27세 되던 해 '도미노 하우스(Dom-ino Hause)'라는 현대 건축의 개념을 발표하여 주목을 받는다. 이 개념은 콘크리트의 구조적 성질을 이용하여 2층 구조를 만드는 3개의 슬라브와 이를 지지하는 가느다란 기둥, 그리고 1층과 2층을 연결하는 계단으로 이루어진 구조 시스템으로, 벽체는 슬라브를 지지하는 기능에서 완전히 자유로워진 시스템이었다. 따라서 입면이나 평면의 구성은 구조의 부담을 떠안지 않고 풍부한 형식을 가질 수 있게 되었다.

새로운 정신이라는 의미의 건축지 『레스프리 누보(L'Esprit Nouveau)』를 통해 그는 도시와 건축에 관한 무수한 이론을 생산해냈다. 특히 약관의 나이에 제안한 '300만을 위한 도시 계획안' 같은 야심만만한 미래도시 계획은 세계 건축계에 그의 건축철학과 이론을 확실히 새겨놓는 논쟁거리가 되기도 했다. 그는 정식으로 건축 교육을 받지는 않았지만 엄청난 양의 독서와 여행을 통해 동서고금을 통찰하고, 새로운 세계의 새로운 질서를 향해 그의 건축을 전달하며 주옥같은 작품을 쏟아놓았다.

말년에 만든 롱샹(Ronchamp) 성당이나 라 투레트(La Tourette) 수도원 등은 우리 인류가 영원히 간직해야 힐 보물이 아닐까 싶다. 그는 인류문화사에 수많은 족적을 남긴 채 78세의 일기로 세상을 떠났다.

이 글에서 소개하고자 하는 빌라 사보아는 이 위대한 건축가의 결정적 건축이론이 만든 주택이다. 이 주택은 1929년에 설계되었는데, 그는 이 주택 설계 작업에 착수하기 전에 새로운 기계미학의 시대에 맞는 개념을 찾기 위해 수년간 몰두한 결과 1926년 '새로운 건축의 다섯 가지 원칙'이라는 개념을 발표한다.

첫번째는 토지를 건축에서 해방시키자는 의도에서 출발된 '필로티(piloti)'라는 개념이다. 즉 건물을 공중에 띄우고 이 건물을 지지하는 기둥만 땅과 접하게 함으로써 비워지게 된 건물 밑의 땅을 공공용지나 정원 등으로 활용하자는 것이다.

두번째는 '자유로운 평면'이라는 개념인데 건물의 내부, 특히 칸막이 등이 건물의 구조나 기둥에 영향을 받지 않고 공간의 쓰임에 따라 수시로 자유롭게 구성될 수 있도록 하는 것이다. 물론 이를 위해서는 간편한 구조가 필수적인데 앞에서 언급한 대로 그는 이미 건물의 구조에 대해 '도미노 하우스'라는 이론을 발표한 바 있다. 따라서 기둥과 벽체의 선이 일치하지 않고 그 둘 사이에 미묘한 공간이 형성될 수도 있었다.

세번째는 '자유로운 입면'에 대한 주장이다. 즉 벽면이 건물을 지지하는 하중이나 구조로부터 영향받지 않고 다른 특별한 개념을 표현할 수 있어야 한다는 것이다. 때때로 건물의 입면은 내부의 상황보다는 주변의 환경과 더욱 긴밀하게 연관되어 있다. 더구나 르 코르뷔시에에게 건축의 입면은 중요한 감성의 장치였다. 풍부하고 오묘한 감성을 건축에 새기고 외부와 내부를 정교히 연결하기 위해서는 입면의 자유와 이에 대한 기술적 해결이 불가피했다.

　네번째는 '수평의 긴 창'을 만들자는 개념이다. 이는 우리의 두 눈이 만드는 시각 구조가 그렇기도 하겠지만, 창으로 접속되는 주변의 풍경이 무한한 수평의 프레임을 통해 내부에 전달되어 내부 공간을 확장시킨다.

　마지막으로 '옥상정원'에 대한 개념이다. 중세의 봉건 영주처럼 더 이상 넓은 정원을 가질 수 없게 된 현대주택의 거주자들에게 이 공중 정원은 유효한 방법이 된다. 특히 옥상정원은 필로티에 의해 들어 올려져 조성된 새로운 대지의 개념으로 이해하고자 했으며 하늘과 직접 만나는 또 다른 세계가 이곳을 통하여 이루어질 수 있다고 믿었다.

빌라 사보아는 이상의 다섯 가지 원칙이 충실히 적용된 교과서적 건축이다. 이 새로운 텍스트는 르 코르뷔지에 자신에게도 건축적 전환을 마련해 주었을 뿐 아니라 주거건축의 역사에 큰 획을 긋는 시대적 전범이 되어 현대 주거건축 형식을 완성시킨 작품으로 평가받고 있다.

　이 주택의 건축주는 보험회사의 중역이었는데 그는 그가 사는 파리에서 30km 정도 떨어진 프와시(Poissy)라는 곳에 주말주택을 갖고 싶어했다. 프와시라는 곳은 지금은 파리라는 거대도시의 일부분이 되어 있는 곳이지만 당시에는 한적한 시골마을이었다. 주말이나 휴일에는 파리에 있는 집과 자동차로 연결될 수밖에 없는 주말주택이라는 점에 주목한 르 코르뷔지에는 빌라 사보아를 위해 새로운 패러다임을 요구하는 기계시대의 주택 유형을 생각하게 된다. 그는 이미 '주택은 살기 위한 기계'라고 선언한 바 있었다.

　건축주가 소유한 리무진이 바로 현관으로 연결되도록 하기 위해 그가

녹색 양탄자 같은 잔디 위에 떠 있는 흰색 입방체

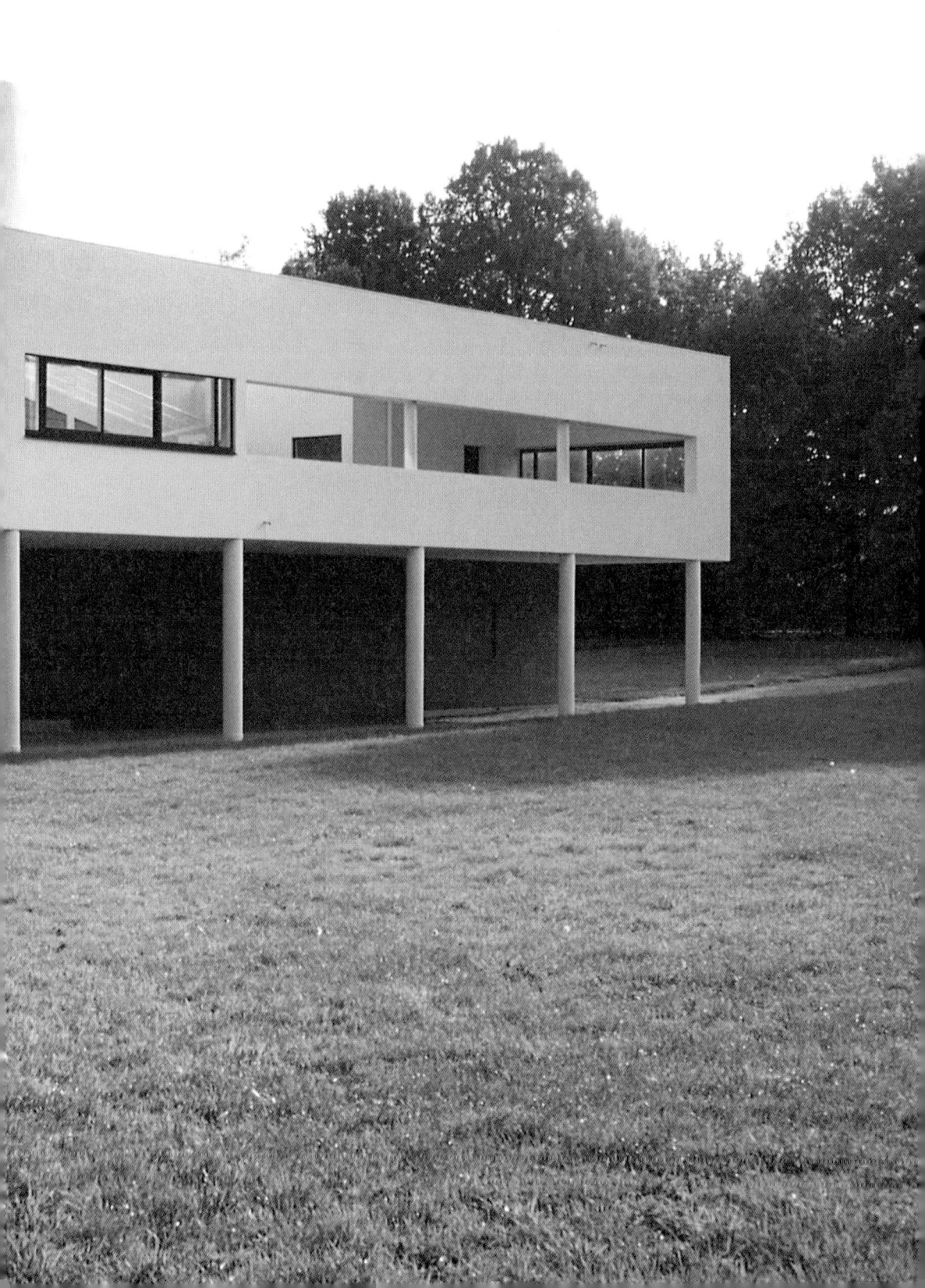

리무진의 곡선 주행 반경을 그대로 도입한 필로티의 내부 공간

주장한 필로티는 가장 적절한 방안이었을 것이다. 자동차가 양탄자 같은 잔디를 지나 필로티 속으로 들어와 멈추도록, 현관은 곡선으로 계획되었고 ― 이 역시 '자유로운 평면'이라는 개념의 실천이다 ― 현관으로 들어오면 상부로 향하도록 기다란 경사로가 동선을 이끈다. 이 경사로를 타고 오르면 서서히 2층의 풍경이 시야에 들어오면서 그의 다섯 가지 원칙이 만든 드라마틱한 경관이 전개된다.

2층은 주인의 거실과 침실 그리고 중정(中庭)이 건물 가장자리를 돌아가며 배치되어 있는 구조이다. 자유로운 칸막이와 가구 배치는 동선을 막힘없이 만들어줄 뿐 아니라 시선을 무한히 넓혀주고 있다. 중정을 통해 반사되어 들어온 빛은 주택의 모든 부분을 밝게 만들어 여유 있고 즐거운 분위기로 이끈다. 들어 올려진 거실의 창은 수평의 띠이며 이 기다란 창을 통해 주변의 전원이 그림처럼 들어오고 이는 중정과 만나게 되어 거실 내부에 있는 사람을 마치 전원의 한가운데 있는 것처럼 느끼게 한다. 즉 공간의 확장인 것이다. 다음으로 가운데 있는 경사로는 다시 옥상으로 오르게 되어 있다. 주변의 과수원과 멀리 있는 경관이 보다 선명하게 시야에 들어오고 옥상은 또 다른 정원이 된다(르 코르뷔지에는 처음에 옥상에다 주인 침실을 계획했었다고 한다). 경사로의 목적지는 옥상정원이며 이곳은 또 다른 세계, 어쩌면 하늘에 속한 세계일지도 모른다.

이 집에서 가장 중심이 되는 장치는 집 가운데 둔 이 경사로이다. 파리의 집과 통하는 직접적인 복도로 간주되기를 원하는 이 경사로는 주변 경관을 장악하며 관조할 수 있는 가장 유효한 루트이다. 르 코르뷔지에는 이를 '건축적 산책로'라고 불렀으며 그는 이 산책로를 통해 모든 세계가 읽혀지고 판단되기를 원했다.

넓은 잔디 위에 가느다란 기둥으로 띄워져 마치 공중에 매달린 상자처럼 보이는 이 집은, 클라이언트의 요구대로 모든 이들의 주택에 관한 선입견을 여지없이 부수며 새로운 시대, 새로운 주택, 새로운 삶으로 인식되었다.

그러나 나의 의문은 이제부터이다. 우리의 삶이 가장 직접적으로 투영되는 주택은 거주자나 그 사회 구성원의 세계에 대한 인식이 다른 건축보다도 더욱 확실히 나타나는 시설이다.

빌라 사보아를 이룬 세계관은 무엇인가. 그것은 바로 만물의 중심에 인간인 '내'가 있다는 것이다. 가운데 놓인 경사로를 산책하는 나 자신이 이 집의 모든 공간과 사물과 보이는 풍경을 관장한다. 즉 '모든 건축은 나를 위해 봉사하는 수단이며 모든 세계는 내가 없으면 존재하지 않는다'라는 인식이라면 비약일까.

이러한 주택의 개념은 그 당시 거의 모든 주택에 나타나는 형식이었다. 심지어 오늘날에 이르기까지 서양의 주택은 거의가 이러한 관념과 양식에서 벗어나 있지 못하다. 예를 들어 포르투갈의 건축가 알베르토 캄포 바에자(Alberto Campo Baeza)는 그의 아름다운 주택을 관통하는 개념으로 나인 스퀘어를 언급하는데, 이는 정사각형의 평면을 십자의 공간으로 갈라서 아홉 개의 영역을 만드는 것이다. 결국은 정가운데 위치한 공간이 가장 신비스러운 부분이 되어 그의 주택에서 가장 중요하게 취급된다.

이를 거슬러 올라가보면 아돌프 로스가 만든 일련의 주택에서도 그대로 유지되는 형식이며 20세기 초 네 스틸의 대표적 건축인 게릿 리트벨트(Gerrit Rietveld)의 슈뢰더 하우스(Schröder House)도 역시 이 중앙집중적 평면 구성에서 벗어나지 않고 있다. 서양건축에 거대한 획을 그은 사건으로

2층으로 향하는 내부 경사로, '건축적 산책로'의 시작이 이루어진다.

2층 옥상정원에서 거실을 본 모습. 외부 풍경이 수평의 긴 창을 통해 흘러들어온다. 위

2층 거실에서 옥상정원을 내다본 모습 가운데

2층 거실 아래

기록되는 16세기의 빌라 로툰다(Villa Rotunda)에 이르면 이 중앙집중적 서양건축의 개념을 확실히 알 수 있다. 안드레아 팔라디오(Andrea Palladio)가 설계한 이 빌라 로툰다는 이탈리아 북부 비첸차(Vicenza)라는 곳에 있으며 은퇴한 가톨릭 사제를 위해 지어졌다. 이 주택은 경사가 완만한 언덕 위에다 동서남북 방위에 일치하도록 정사각형의 평면을 설정하고 이를 십자의 공간으로 나눈 후 가운데에 둥근 공간을 두어 로툰다라고 칭하였다. 이를 통해 이 중심 공간에 모든 통로나 길이 집중되어 있어 모든 세계가 이 공간에서 비롯하였음을 나타내었다. 이 공간의 중앙에 선 사제는 이 집을 장악하고 주변을 지배하며 모든 세계의 중심이 된다. 자연은 정복해야 하는 대상이며 나를 위해서 봉사해야 하는 종속물이라는 생각, 이 개념이 바로 주거의 차원을 넘어 결국 오늘날까지 서양문화사의 핵심을 이루는 정신이 아닐까.

우리네 주거에 흐르는 정신을 상기하면 이 개념은 더욱 확실해진다. 우리의 집은 '내'가 중심이 아니다.

    모든 공간에는 그 공간을 다스리는 신이 있어 새 집을 짓거나 이사를 가면 그 집의 주인인 '성주신(星主神)'에게 먼저 예의를 갖추어야 했다. 우리의 세계가 아닌 다른 어떤 세계가 또 하나 있다는 생각, 그리고 그 세계는 우리를 지배한다는 의식이 우리들 집에 흐르는 정신이었으며 우리는 집에 대해서 시시때때로 객체이며 한 부분일 뿐이었다. 심지어 우리들 몸속에도 또 다른 우주가 있다고 믿었던 우리였으니, 집이라는 것은 우리가 정복해야 할 대상이 결코 아니었으며 집을 통해 자연을 지배한다는 생각은 언감생심이었다.

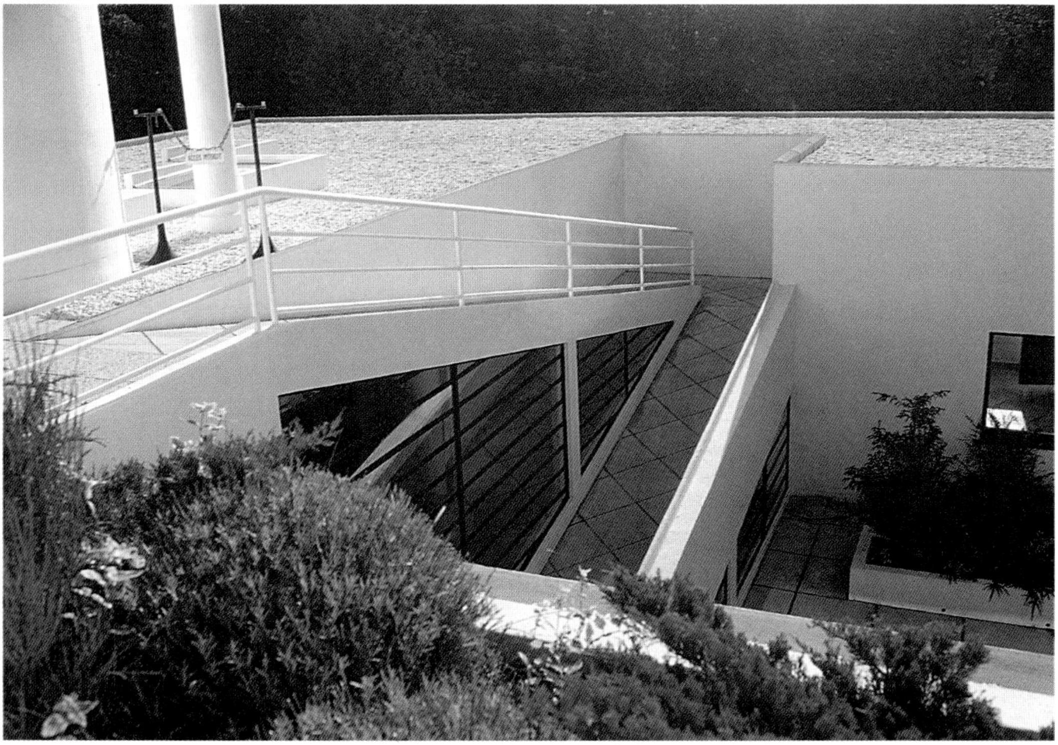

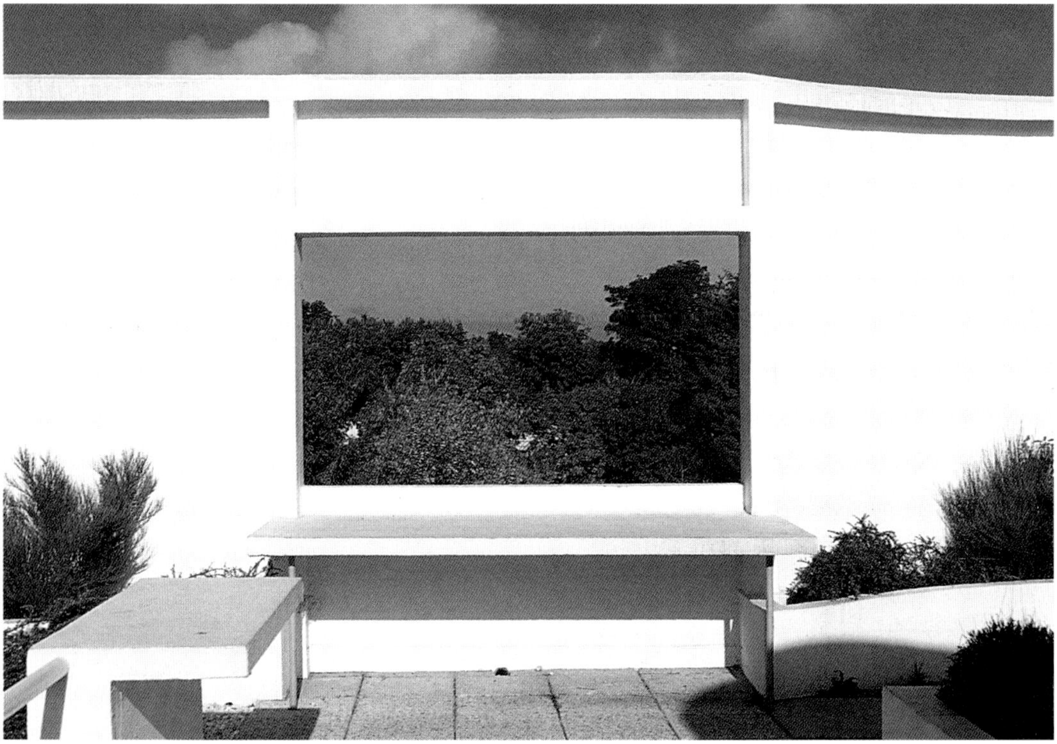

따라서 우리는 시시때때로 집을 위하여 제사를 올리고 성주신을 섬기며 눈에 보이지 않는 이들에게 감사하며 사는 삶의 방식을 택한다. 우리 집 가운데의 비워진 마당은 그러한 오래된 우리 의식이 만든 결과인 것이다.

빌라 사보아는 내가 보는 한 우리와 전혀 다른 세계관을 갖는 전형적 서구주택이다. 불세출의 거장 르 코르뷔지에가 새로운 시대에 새로운 원칙을 세워 새로운 집을 만든 것에는 틀림이 없다. 건축적으로는 새로운 선언이 된 집이지만, 주택의 변천사로 볼 때 이 집은 새로운 정신을 가진 새로운 주택이라기보다 서구 전통의 현대적 완성이며 동시에 그들 주거건축의 궁극적 목표점이었다고 간주하면, 내가 너무 우리네 옛 집의 아름다움에 경도되어 여전히 편향된 가치를 지니고 있는 것일까.

모든 논쟁에도 불구하고 이 건축은 르 코르뷔지에 건축의 선언이자 현대 건축의 명료한 교과서이며 서구주택의 아름다운 마침표가 된다. 이보다 더욱 아름다운 주택을 더 이상 서구건축에서 발견하지 못하는 것도 그런 증좌이다. 지난 시대에 그가 있었다는 것이 우리 인류에게 얼마나 경외스러운 일인가.

3층에서 2층의 옥상정원을 내려다본 모습 [위]
3층 옥상정원 벽의 프레임을 통해 만들어진 풍경 그림 [아래]

Le Corbusier

르 코르뷔지에 1887-1965

본명은 샤를 에두아르 잔네레 그리(Charles Edouard Jeanneret-Gris)이다. 스위스 라 쇼 드 퐁(La Chaux de Fonds)에서 태어나 미술학교에서 교육을 받았으며 청년 시절 이탈리아, 독일, 그리스 등 세계 각지로 여행을 다니며 견문을 넓혔다. 파리의 오귀스트 페레(Auguste Perret), 베를린의 페터 베렌스(Peter Behrens) 문하에서 건축 실무를 익힌 그는 1914~1915년에 철근 콘크리트 구조의 특성을 살린 새로운 건축 형식인 '도미노 하우스(Dom-ino Hause)' 개념을 발표했으며, 1920년 르 코르뷔지에로 개명한 후 1923년에는 잡지 『레스프리 누보(L'Esprit Nouveau)』에 기고했던 글을 모아 『새로운 건축을 향하여(Vers une architecture)』를 출간했다. 조카 피에르 잔네레(Pierre Jeanneret)와 함께 일한 1920년대에 그는 자신이 주장한 '새로운 건축의 다섯 가지 원칙'을 적용한 일련의 주택작품을 설계하며 자신만의 건축적 세계를 구축해나갔다. 1928년에 설립된 근대건축국제회의(CIAM)의 창설 멤버였으며, '브와젱 계획(Plan Voisin, 1925)'이나 '빛나는 도시(La Ville Radieuse, 1930~1935)' 등 도시 계획안도 꾸준히 발표했다. 337개의 주거세대와 쇼핑 공간 등 각종 편의 시설을 한데 갖춘 고층의 주상복합건물인 위니테 다비타숑(Unité d'Habitation)은 마르세유(1945~1952)에 이어 베를린 등 3개 도시에 추가로 건설되었는데, 삶을 지나치게 계획하고 조직화했다는 비판을 받기도 했다. 이후 그의 후기 건축들은 기존의 기하학적 양식에서 벗어나 보다 표현적이고 조각적인 특성을 보였는데, 이 시기의 대표작으로 롱샹 성당(Notre-Dame-du-Haut at Ronchamp, 1950~1954), 인도 찬디가르(Chandighar) 도시 계획(1952~1965)이 있다.

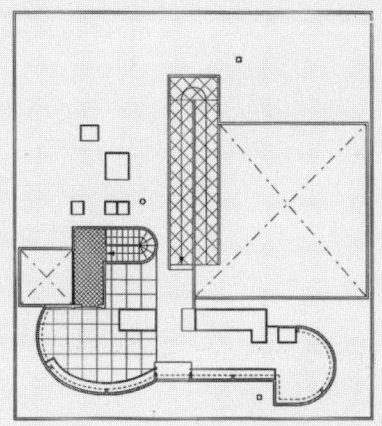
• 3층 평면

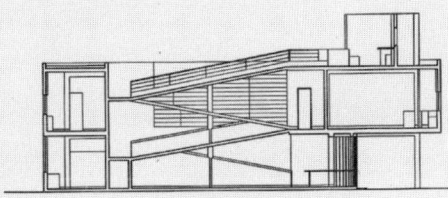
• 단면

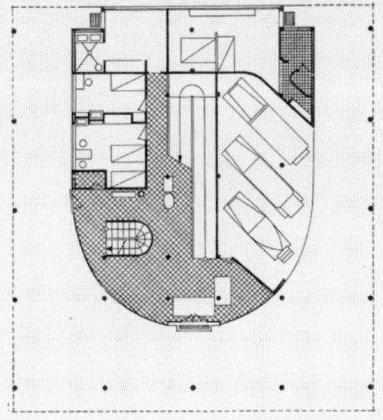
• 빌라 사보아 1층 평면

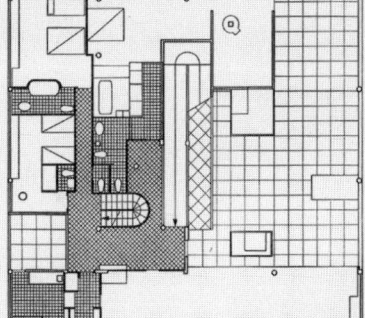
• 2층 평면

0　　　　　10M

5

진실의 건축

르　　토 로 네　　수 도 원 과
라　　투 레 트　　수 도 원

인류가 자신의 육체적 삶을 은신하고 보호하기 위해 주거를 만들었듯이 그 자신의 영적 삶을 의탁하기 위해 종교 건축을 만든 만큼, 건축사 속에서 종교 건축은 주거의 역사 다음으로 가장 긴 맥을 가지고 있다.

    자신의 운명을 좌지우지하는 절대자가 저 높은 곳에 있다고 믿고 그와 더욱 가까이 하고자 하는 열망에서 높은 단을 쌓기 시작한 것이 종교 건축의 원형이 되었고, 죽은 자의 혼령에 대한 외경심에서 분묘를 중심으로 한 종교 건축도 존재하게 되었다. 의인화된 신이 산다고 생각되는 '신의 집'도 분명한 종교 건축이며, 많은 무리들이 집합하여 의식을 진행하면서 신심을 발동시키는 집회소도 종교 건축의 중요한 한 형식으로, 소아시아 지방의 지구라트, 돌멘, 희랍의 신전, 유대인의 시나고그 같은 것들이 대표적이다. 이후의 종교 건축은 그 종교가 내세우는 교리와 의식의 내용에 따라 이러한 형식들이 서로 영향을 주고받으면서 무수히 다양한 양식의 종교 건축으로 발달해왔는데, 그것이 바로 현재 종교 건축의 모습이다.

종교 건축의 형식을 결정짓는 중요한 전제는, 인간의 절대자에 대한 관계의 정의에서 비롯한다. 유대교의 배경하에 예수의 출현으로 시작된 기독교 건축도 '마땅히 죽을 수밖에 없는 죄를 갖고 태어난 인간이 메시아를 통해 구원받는다'는 신과 인간과의 관계, 즉 찬연히 빛나는 저 높은 곳의 여호와와 보잘것없고 추한 저 바닥의 인간이 만나는 '성소(聖所)'라는 관점에서 표현되어야 했으며, 따라서 그 성소에서 죄 많은 인간의 모습은 부각될 수 없음이 당연하고 오로지 신의 영광만이 빛나야 하는 것으로 여겨져왔다.

    그러한 형식의 건축적 완성을 우리는 고딕 양식이라고 부른다. 하늘을 찌를 듯 올라간 첨탑, 그것을 힘 있게 받치는 버트레스[buttress: 외벽 면

예배당 내부

에서 바깥 쪽으로 튀어나와 벽체가 쓰러지지 않도록 지탱하는 부벽(扶壁)], 플라잉 거더(flying girder), 그리고 현란한 부조들, 내부의 온갖 현란한 문양, 스테인드글라스를 통하여 쏟아져내리는 황홀한 빛깔, 황금색의 제단 등……. 이러한 공간 속에서 인간의 모습은 초라하기 짝이 없고 높은 기둥 밑에 쪼그려 엎드리지 아니할 수 없으며, 그럴수록 신은 더더욱 찬란하고 높아져 있을 수밖에 없는 것이다. 이 고딕 건축은 기독교 예술 형식의 완성이라고 믿어졌으며, 역사 속의 수많은 양식들이 없어진 오늘날에도 고딕의 모양을 흉내내려는, 결단코 교회적이지 않은 교회건축이 우리 주변에 수없이 많은 것 또한 사실이다.

20세기 초 역사주의적 건축 형식의 허구를 비난하며 새로운 형식을 창조했던 모더니즘의 유행 속에서도 기독교 건축만은 좀체 그 고딕의 완강한 틀을 깨지 않았는데, 20세기의 거장 르 코르뷔지에가 만든 라 투레트 수도원 성당은 그 고딕의 허구적 형식 — 고딕이 결코 허구의 형식인 것만은 아니다. 다만 많은 이들이 고딕의 정신을 잃어버린 채 그 형식만 베끼려 하는 것에 대해 '허구'라는 단어가 사용되었을 뿐이다 — 을 깨뜨렸다.

  1959년 7월에 완공된 이 수도원은 프랑스 리옹 근처 에브 쉬르 아브렐론(Eveux-sur-Arbresle Rhone)이라는 지역에 있다. 1953년에 착수하여 1956년에 착공된 이 건축은 도미니크 파 관구의 수도원 총회 소속으로 100개 정도의 수도승방과 도서실, 식당 그리고 성당 등으로 구성되어 있다. 르 코르뷔지에의 후기 대표작인 이 건축에는 그의 다섯 가지 현대 건축 원칙이 그대로 적용되어 있으며, 절묘한 디테일과 독특한 모양만으로도 보는 이들로 하여금 르 코르뷔지에가 이룩한 현대 건축의 황홀한 아름다움을 느끼게 한다.

경사진 초지와 필로티 위에 띄워진 수평선은 자연과 인공을 대립시키며 우리를 긴장하게 한다. 또한 규칙적 유니트의 수도승방들이 모인 집합과 성당과 같은 단일의 큰 볼륨이 만드는 대립 구조 또한 르 코르뷔지에의 극적 갈등이 빚는 긴장이며, 콘크리트의 동굴과 경쾌한 라멘조의 구조가 보여주는 대립도 이 건축이 갖는 반전의 묘미이다. 그러한 공간의 드라마를 음미하며 황홀한 빛이 뿜어져 들어오는 회랑을 회유하는 즐거움은 한 편의 아름다운 음악을 듣는 듯, 혹은 서정시를 읽는 듯한 착각에 빠지게 한다.

더욱 놀라운 것은 경사진 통로를 따라가다 동판으로 된 두터운 문을 열고 회유의 즐거움을 간직한 채 들어간 그 속, 그 속에서 경험하는 성당 공간과의 조우다. 직육면체의 70평 남짓한 좁고 기다란 공간, 검박한 콘크리트의 벽체와 떠 있는 듯한 간결한 천장, 그 사이를 비집고 들어오는 빛, 부분 부분 비치는 천창의 원색, 침묵하는 돌 제단…….

온몸에 전율이 흐를 정도로 팽팽한 긴장감을 느끼게 하는 이 공간은 판테온의 공간감에다 바티칸 베드로 대성당의 장엄함을 더한 것보다 더욱 높고 높다. 그리고 그 위대함은 이방인으로 하여금 한없이 묵상하게 하며 스스로에게 끊임없이 '너는 무엇인가'라는 질문을 던지게 만든다. 라 투레트는 위선에 대한 진실의 승리이며, 물질에 대한 혼의 승리와 그에 대한 기록이라고 나는 그 현장에서 되뇌면서 내 자신의 건축을 다시 시작하게 되었다. 그게 1992년 여름이었다.

르 코르뷔지에의 지적 완성이며 영적 충만 그 자체로 모든 건축가들에게 현대 건축의 성서적 존재인 라 투레트 수도원과 감동적 조우를 한 이래 지

경사진 초지 위에 수평을 유지하며 앉은 외관[위]   수도사들의 방과 예배실의 매스[아래]

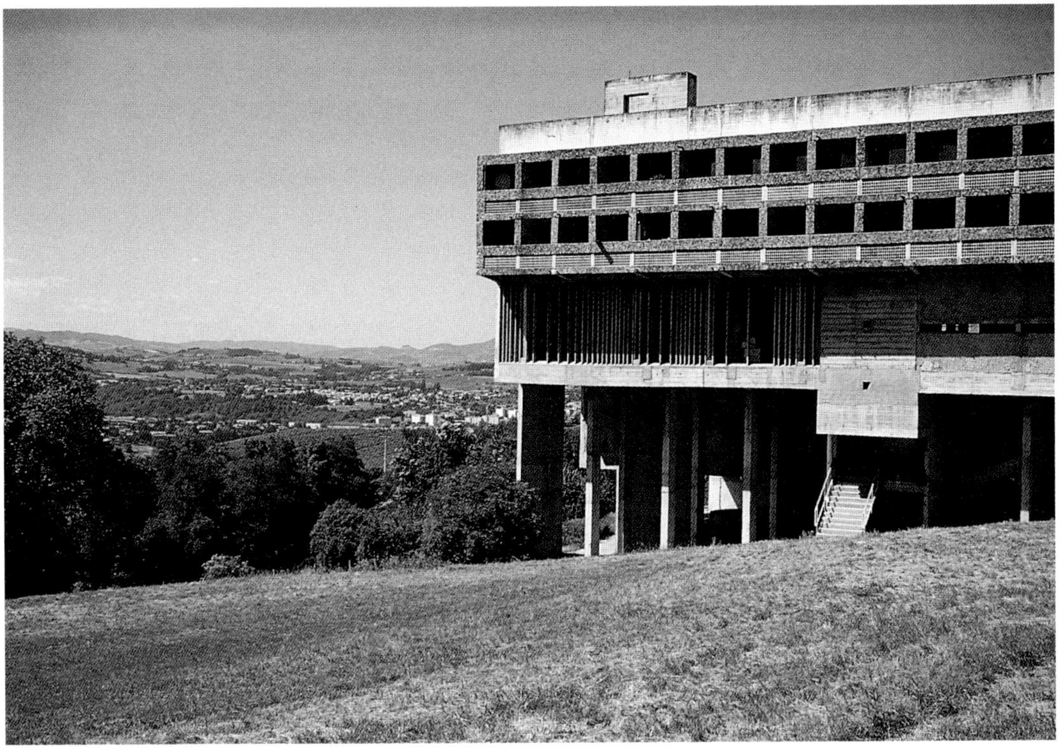

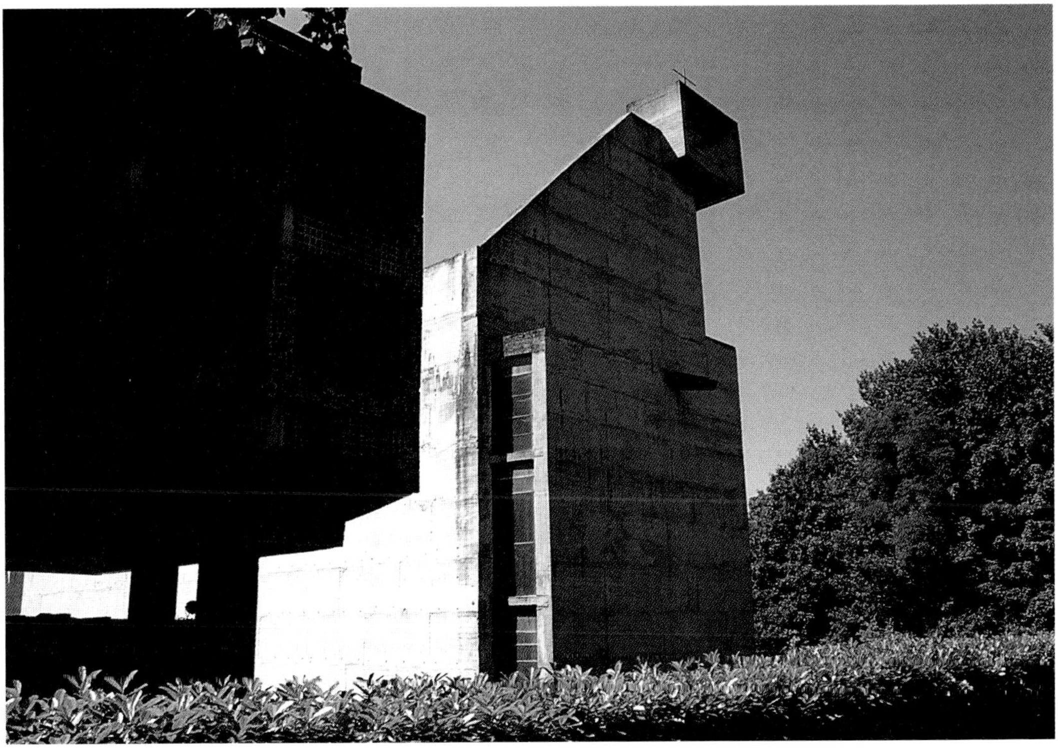

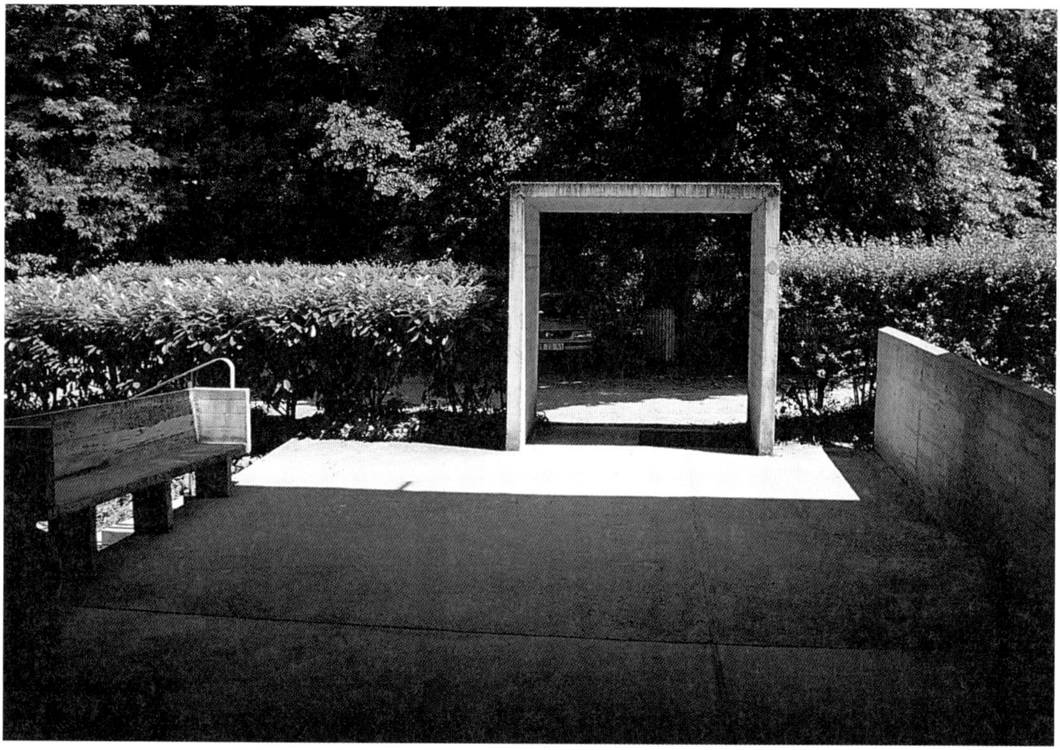

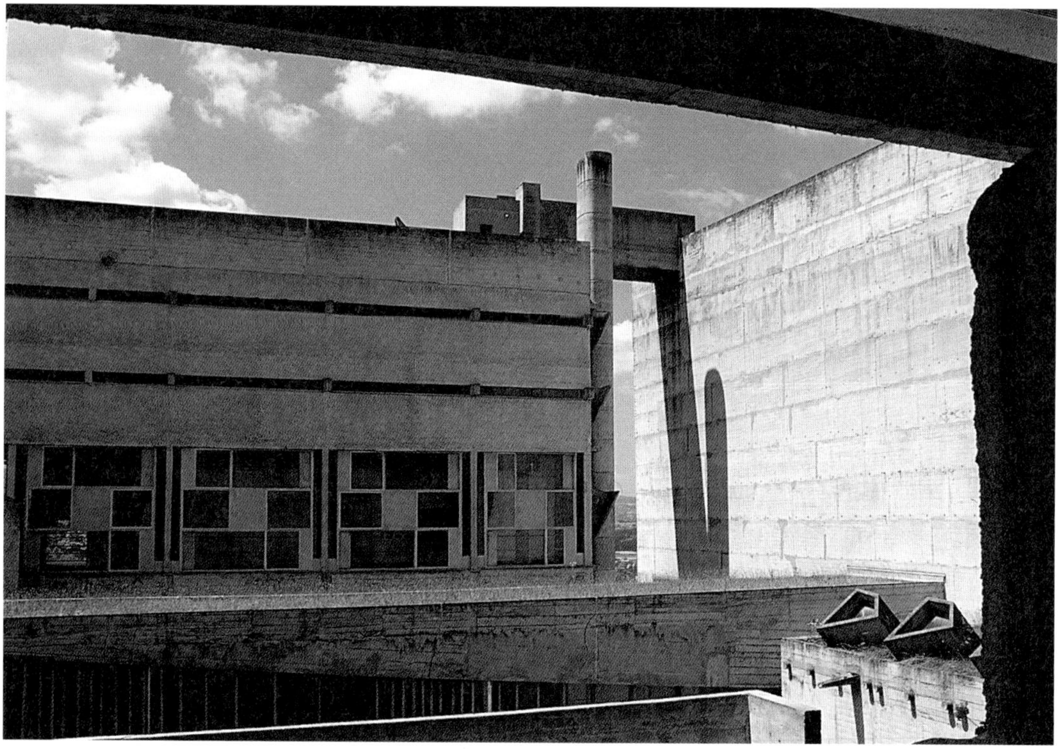

입구에 놓인 수도원 대문 옆면 위
입구에서 중정 건너의 풍경을 보다. 옆면 아래

예배실로 인도하는 경사진 통로와 리드미컬한 창문 위
식당 앞 공간에서 중정을 내다본 모습 가운데
중정을 둘러싸고 있는 복도와 수도사들의 방 아래

돌출된 오라토리엄과 중정에서 본 하늘 뒷면

예배당 내부. 저녁 늦게 흘러든 노을이
제단 뒷벽을 비추다.^{옆면}

신도석에서 본 제단과 십자가 ^위
지하의 납골당 ^{가운데}
제단 옆벽 공간으로 떨어지는 빛 ^{아래}

금껏 이곳을 다섯 번 순례하였는데, 1999년의 두번째 방문에서 대단히 중요한 것을 알게 되었다.

1년 예정으로 런던에서 체류하고 있을 때였다. 혼자 여행을 하다가 프랑스 리옹에서 기차를 타고 이 수도원이 있는 아브렐에 도착하였지만 역에서 산 위에 있는 수도원까지 갈 방법이 여의치 않아 두리번거리고 있었다. 어떤 노신사가 내게 다가와서 수도원에 가느냐고 묻고는 자기 차에 동승할 것을 권하였다. 작은 행운이라고 여기고 얼씨구나 하고 차에 올라타 보니 그는 라 투레트 수도원의 원장 앙트완 리옹(Antoine Lion) 신부였다. 리옹 역에서부터 내 행동거지를 보고 수도원을 방문하려는 건축가로 짐작했다는 것이다. 그날 내게는 행운이 터진 것이다. 예약하지 않은 숙소까지 마련해주는 것은 물론, 나와 르 코르뷔지에에 대한 말문이 트인 후에는 일반에게 공개하지 않는 수도원 지하의 제실(祭室)과 옥상정원까지 몸소 자물쇠를 열어가며 안내해주는 것이 아닌가. 그토록 오랫동안 직접 보기를 원했던 진기한 보물들을 만진 느낌, 실로 황홀함의 극치였다.

그러나 더 큰 일이 기다리고 있었다. 우리는 식사를 마친 후 그의 서재에서 칼바도스를 마시며 이 걸작과 거장에 대해 한참을 얘기하다가, 르 코르뷔지에에게 설계를 맡겼던 그 당시 도미니크 파 수도원장이었던 쿠튀리에(Couturier) 신부에게까지 이야기가 미쳤다. 그 신부가 르 코르뷔지에에게 가보기를 권했던 르 토로네(Le Thoronet) 수도원으로 우리의 이야기는 이어졌고 리옹 원장은 1957년에 출간된 책 한 권을 꺼내 보여주었다.

그 책은 '진실의 건축'이라는 제목의 르 토로네 수도원 사진집이었다. 새롭게 짓는 수도원에 옛 수도원의 정신을 나타내줄 것을 바랐던 쿠튀리에 신

르 토로네 수도원의 중정

르 토로네 수도원의 예배실 정면. 오른편 작은 문이 주 출입구이다.

부의 요청에 따라 그곳을 직접 방문한 르 코르뷔지에가 엄청난 감동을 받은 뒤 파리의 사진가에게 그 공간을 기록하게 한 책이었는데, 그 흑백의 사진집을 조심스럽게 넘겨보면서 밀려오는 감동으로 나는 어쩔 줄 몰라 했다. 짙은 빛과 깊은 그림자가 재현해낸 책 속의 수도원 공간은 그야말로 침묵의 신비로 가득차 있었다. 책의 서문을 르 코르뷔지에가 썼는데 첫 문장이 이렇게 시작된다. "이 책의 사진들은 진실에 대한 증언이다." 진실, 무엇에 대한 진실인가.

그 책을 만지작거리는 내 모습을 본 원장은 이미 절판된 그 책을 내게 줄 수 없어 미안하다고 했으나, 그날 밤 나는 그 수도원에 대한 생각으로 잠을 이룰 수가 없었다. 귀국 후 몇몇 건축가들에게 이 르 토로네 수도원을 같이 가볼 것을 강권하여 지난 2001년 비로소 처음 방문하게 되었다.

수도원의 종류와 숫자는 신도 모른다는 유머가 있을 정도로 오늘날 그 분파는 수없이 많다. 서기 3세기 이집트의 수도원이 효시라고는 하나 수도회가 본격적인 체제를 갖추게 된 것은 이탈리아의 수도사 베네딕트의 금욕적 가르침에 따라 규칙을 수립하면서부터이다. 그러나 이 수도원의 세력이 커지자 운영이 방만해지면서 일부 수도원은 사치에 빠진다. 이에 영성 활동의 진정성을 찾는 수도사들을 중심으로 11세기 초 교회 개혁의 움직임이 활발하게 일어나 철저한 금욕생활을 기반으로 하는 시토(Citaux)회가 결성된다.

베네딕트 규칙을 철저히 지킨 시토회의 수도사들은 재물과 육체와 정신으로부터 자유로워지기 위해 육체노동과 경건한 독서, 기도와 찬송만을 그들의 일상으로 삼았다. 그러한 수도사들에게 수도원을 짓는 일은 그 속

르 토로네 수도원의 빛과 그림자

에서 행하는 명상이나 관조와 같은 영성 활동 그 자체였으며 그들이 추구하는 신의 형상을 표현할 수 있는 최고의 일이었다. 따라서 수도원 건축은 수도사들의 신념이 그대로 구현된 작은 도시일 수밖에 없다.

르 토로네 수도원은 1176년, 프랑스 남쪽 프로방스(Provence)의 상수리나무가 울창한 계곡 물가 부지에 지어졌다. 전체가 비슷한 수준의 건축 기술을 보여주는 것으로 보아 동일한 시기에 지어졌다고 추정되며 증축의 흔적도 보이지 않을 만큼 완벽하다.

 본당으로의 출입은 정면 한가운데가 아니라 한켠에 있는 아주 소박한 문을 통해 이루어진다. 가만히 몸을 숙이고 들어가 갑작스런 어두움에 적응하기 위해 다소곳이 서 있다보면, 아 지극히 아름다운 빛의 다발이 고요하게 공간을 밝히고 있음을 볼 수 있다. 바닥, 벽, 기둥, 천장 모두가 석재로 되어 있는데, 그 감동적인 빛은 석재의 거친 표면을 긁기도 하고 모서리의 각을 선명히 드러내기도 하며 둥근 천장을 부드럽게 감싸 안기도 한다. 그리고 말할 수 없는 고요함이 그 위를 덮는다.

 석재의 쓰임은 지극히 검박하다. 장식도 극도로 절제되어 있으며 석재끼리의 맞춤도 대단히 정교하면서 단순하다. 어디 하나 모자람도 없고 더함도 없다.

 본당 옆벽의 작은 문을 통해 내다보면 중정을 감싸고 도는 회랑이 보인다. 아치형의 창틀을 통해 들어오는 바닥의 돌판에 새겨진 빛과 그림자의 행렬이 우리를 극도로 긴장하게 한다. 수도사들은 이곳을 돌며 서주상스러운 삶의 찌꺼기를 씻고 또 씻었을 것이다. 그들은 여기서 세족례(洗足禮)를 거행하기도 했으니, 자기를 낮추며 돌들이 이야기하는 소리에 귀를 기울였으리라.

    회랑에 붙은 작은 방으로 들어갔을 때 돌의 한 부분을 정교히 도려내어 흘러들어오도록 한 빛이 이 속세인의 가슴으로까지 스머드는 듯하였다. 그 감동이 애잔하기 그지없는데, 어찌 감사하지 않을 수 있으랴. 성서에 기록된 것처럼 마치 돌들이 일어나 찬양하는 듯하였던 것이다.

놀라운 것은 오랫동안 나에게 교과서가 되어준 라 투레트 수도원의 모든 근원이 여기에 있다는 사실이었다. 경사진 통로, 음악처럼 흐르는 열주와 황홀한 빛, 그리고 긴장과 고요함까지. 그 눈부신 창조가 이 르 토로네 수도원의 건축에서 비롯되었음을 알았을 때, 나는 르 코르뷔지에를 오히려 더 좋아하게 되었다. 그 천재적 건축가가 취한 고전에 대한 경외와 진실에 대한 겸손이, 르 토로네를 그의 건축 언어로 다시 기술하여 라 투레트를 만들었다고 믿게 되었기 때문이다. 그는 이 건축에 대해 다음과 같이 기록하며 그 책의 서문을 마무리하고 있다.

    "빛과 그림자는 이 건축의 고요함과 강인함을 크게 외치고 있다. 어떤 것도 더해질 수 없다. 미숙한 콘크리트의 시대에 처한 우리의 삶 속에서, 이 엄청난 조우를 기뻐하고 축복하며 반기자."

Le Corbusier

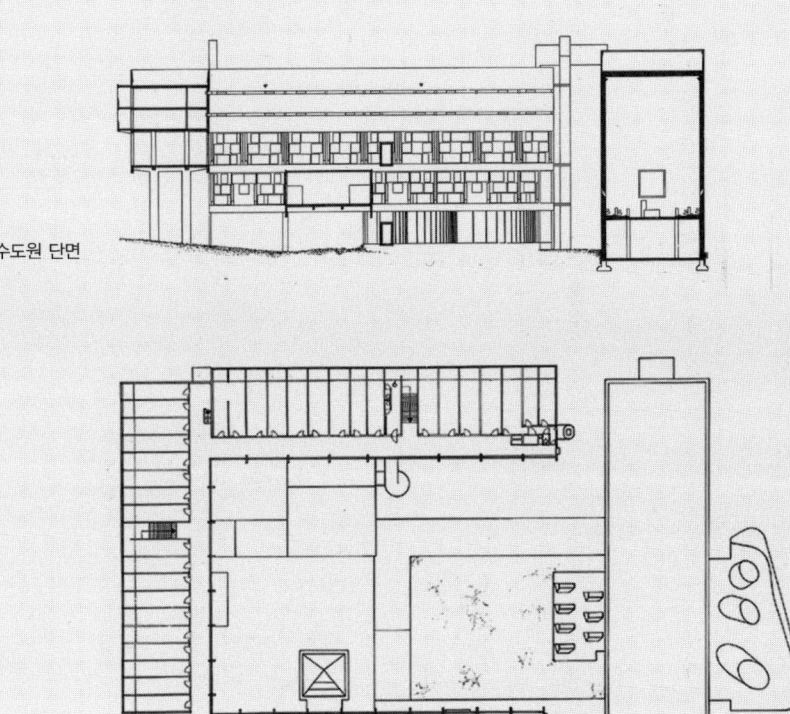

• 라 투레트 수도원 단면

• 라 투레트 수도원 독실 레벨 평면

0   20M

태양의 도시
르 코르뷔지에의 찬디가르

요즘은 업무 때문에도 다른 나라의 도시들을 자주 기웃거리고 있지만, 여행하기가 쉽지 않았던 오래전부터 나는 건축 학습을 이유로 곧잘 여행길에 오르곤 했다. 좋은 건축을 익히는 일은 도면이나 사진을 통해서도 할 수 있지만, 현장을 떠나 있는 한 상상 속의 재현에 그칠 뿐이어서 그것이 오래되면 결국 오해가 쌓여 잘못된 상상을 갖게 될 수밖에 없다. 바로 건축에 대한 환상 속에 머물게 되는 것이다.

'한 장소에 고정되어 그 속에서 삶을 만드는 것'에 목적이 있는 '건축'을 바르게 이해하기 위해서는 그 현장에 가서 진실을 마주하여 지니고 있던 환상을 깨는 일이 중요하다. 믿기로는 바른 건축이 되기 위해서는 그 장소가 가지고 있는 모든 암시와 요구, 수없이 많은 기억이 누적된 기록을 들추어내야 하며, 장소를 떠난 건축은 한갓 조형물일 뿐이다. 바로 이 '장소성'이 건축을 이해하는 핵심적 요소라는 명분으로 나는 여행을 즐긴다.

여행을 많이 해서 그런지, 가장 인상 깊었던 도시가 어디냐는 질문을 가끔 받는다. 기대하는 답은 아마도 역사가 오랜 유럽의 어느 아름다운 마을이거나 엄청난 건축이 있는 도시이겠지만, 내 답변은 사람들의 그런 기대와는 달리 인도에 있는 바라나시(Vārānasi)라는 곳이다.

그러니까 10년 전이었다. 당시 나는 4·3그룹이라는 건축 조직의 일원이었다. 이 그룹은 한국 건축의 담론 형성을 목표로 의기투합한 젊은 건축가들이 모여 만든 조직으로, 치열한 논쟁과 전시 등을 통해 지연과 학연 같은 지엽적인 족쇄에 매여 담론 하나 변변히 생산해내지 못하던 한국 건축계에 적지 않은 자극을 준 바 있다. 매년 테마를 정하여 해외 건축답사를 가곤 했는데 1994년에는 인도를 택하였다.

인도라는 나라 자체가 가진 매력 때문이기도 했지만 건축하는 우리에게는 20세기의 거장 르 코르뷔지에가 설계한 찬디가르(Chandīghar) 신도시에 대한 관심이 인도행을 부채질했던 것이다.

　기행을 떠나기 전 수차례 세미나를 하고 많은 자료들을 섭렵한 후 모두 목적지에 대해 많은 지식을 공유하게 되었는데, 유독 나의 관심은 바라나시에 쏠려 있었다. 몇몇 책에 바라나시는 인도에서도 가장 성스러운 도시라고 적혀 있었다. 그 도시에는 인도인들이 죄를 씻으러 오는 갠지스 강이 흐르는데 그 강가에는 우리의 일상과는 전혀 다른 풍경이 펼쳐진다. 가트라는 이름의 축대 위에 쌓인 나뭇더미와 함께 불타는 시신들, 차례를 기다리며 붉고 푸른 천에 싸여 있는 주검들, 그 주변에서는 킁킁거리는 개들과 한가로운 소들이 성소를 어지럽히고, 강물 위에는 타다 남은 재가 쓸려가고 있다. 검은 새들은 물 위에서 재를 쫓으며 날고 그 아래에서는 수많은 인도인들이 계단을 타고 강으로 들어가 몸을 씻거나 강물을 마신다. 더러는 이 강에서 빨래도 하고 장사도 하며 구걸도 하고 남의 운명을 전하기도 한다. 어떤 이는 계단에서 강을 바라보고 정좌하여 끝없는 명상에 빠져 있기도 하고, 혹은 그러한 모습으로 죽음을 기다린다.

　모래언덕 너머로 붉은 태양이 떠오르면 이 도시를 다스리는 파괴의 여신 시바가 자애를 베풀듯 강가의 풍경은 붉게 물들고 계단에는 또다시 연기가 피어오른다.

쇼크였다. 이미 책에서 보아 이러한 풍경에 대해 인지하고 있었음에도 불구하고……. 책 속의 사진이 정지된 풍경이어서 그랬을까. 내 뇌리에 박제된 사진 속의 물체 하나하나가 죄다 살아 움직이는 현실이라는 것은 상상

찬디가르 국회의사당 정문 위를 장식하고 있는 르 코르뷔지에의 그림

할 수도 없는 일이었다. 삶과 죽음이 동시에 존재했으며 부유와 빈곤이 다른 단어가 아니었다. 건강과 질병, 환희와 고통, 성과 속의 구분이 불가능하였으며, 공간도 없고 그것을 꿰는 시간도 없는 그런 곳이었다. 이것은 결단코 내가 속한 세계가 아니었다. 우리 모두는 허무주의자가 되어 그들의 불가해한 행복을 망연자실 쳐다보고만 있었다.

그리고 그날 저녁, 몇몇 동료 건축가들은 바로 전날 답사한 르 코르뷔지에의 찬디가르 신도시를 몹시 비판하였다. 도무지 인도의 정신을 담아내지 못한 현대 도시일 뿐이며, 르 코르뷔지에 자신의 건축 언어를 인도의 땅에 덧대었을 뿐이라는 것이다. 그런 만큼 우리들이 이 진기한 풍경에서 받은 충격은 컸다. 그러나 과연 그럴까.

'전쟁의 여신의 성(城)'이라는 뜻의 찬디가르는 펀자브(Punjab) 주의 수도이며, 뉴델리에서 북쪽으로 약 260km 떨어진 곳에 있다. 1947년 인도가 독립했을 당시 펀자브 지방의 서쪽 지역을 파키스탄에 내주면서 그곳 주민들이 이주해오고, 이에 따라 새로운 도시를 건설할 필요가 있었다. 당시 새로운 가치 구현이 절실했던 네루 수상에게 찬디가르 신도시 건설은 국가적 명제였다. 네루는 그의 미국인 친구 앨버트 마이어(Albert Meyer)에게 이 새로운 도시의 마스터플랜을 맡겼으나 우여곡절 끝에 르 코르뷔지에에게 최종 설계를 위탁하게 되었다. 기록에 의하면 설계비가 하도 낮은 금액이어서 르 코르뷔지에는 이를 맡기를 망설였다고 한다. 그러나 그 당시 새로운 도시건설에 대한 수많은 제안을 했지만 하나도 실현되지 않아 절치부심하고 있던 그에게 이는 뿌리칠 수 없는 기회였다.

갠지스 강변에서 바라보는 바라나시 풍경 왼편   갠지스 강 위   찬디가르 국회의사당 뒷면

광장에서 본 찬디가르 국회의사당. 왼편에 명상의 탑이 있다.

자신의 건축이념을 부각시켜 마이어의 설계를 보강한 최종 도면을 보면, 이 도시에는 강렬한 축이 있어 도시의 모든 조직이 이 축으로부터 시작된다. 도로는 7개의 등급으로 나뉘는 등 위계질서를 가지며 모든 지역은 주거, 상업, 업무, 행정, 공원 등 용도별로 구분되어 있다. 뿐만 아니라 그는 농경사회의 상징인 곡선을 배제하고 직교체계에 의거하여 견고한 직각의 도시를 만들어냈다. 오랜 역사와 전통에 묶여 있는 인도에 근대 산업도시를 세우기 희망했던 네루와, 기계미학에 대한 믿음이 굳건한 르 코르뷔지에의 마음이 합치된 결과였다.

이 도시의 머리에 해당되는 부분에는 행정관서가 배치되어 있다. 중앙광장의 양편에 의사당과 법원청사가 마주하고 있고 북쪽에는 주지사 관저가 계획되었다. 의사당 뒤편에는 주정부청사가 있는데 이 건축들에는 르 코르뷔지에 건축의 모든 것이 다 실현되어 있다. 이미 그는 건축의 마술사가 되어 있었다. 빛은 그의 손을 빌려서 황홀한 음악이 되어 건축의 내부에 침윤되고 공간은 마치 장대한 서사시처럼 전개된다. 콘크리트의 면은 때로는 거친 바위처럼 때로는 부드러운 물결처럼 우리의 감성을 건드리며, 디테일과 색채는 공예이자 회화의 경지에 이르러 있다.

그러나 이 모든 성취가 르 코르뷔지에 건축의 완성일 뿐 인도 고유의 특성이 없다는 이유로 그는 비판받았다. 나 자신도 책을 통해 이 도시를 공부했을 때 그런 의견에 동의했었다. 말년에 르 코르뷔지에가 보인 일에 대한 집착과 과욕을 상기하면 더욱 그랬다.

그러나 내가 그 도시의 그 장소에 서서 그 현장을 눈으로 직접 목격했을 때, 그러한 비판은 단연코 오해이며 잘못된 견해임을 알게 되었다. 바로 국회의사당과 법원청사를 양편에 둔 폭 440m 광장의 한복판에서였다. 도무지 이해할 수 없는 엄청난 규모였으니, 그가 곧잘 인용했던 아크로폴리스의 광장이나 근대 도시 계획의 중심 광장과는 비교할 수 없는 막대한 스케일이었다. 부재(不在)의 공간이며 왜곡된 소외의 광장이다. 도대체 말도 안 되는 이런 광장을 왜 이 도시의 가장 중심 위치에 두었을까.

시대의 거장 르 코르뷔지에는 이미 그 시대의 중심 사조이던 모더니즘을 뛰어넘어 있었다. 어떤 규칙이나 범례도 따르지 않던 그는 자신의 생애 마지막에, 어떤 이념으로부터도 자유로운 도시의 건설을 꿈꾸고 있었을 것이다. 자유의 도시, 그는 그 근거를 인도의 풍경에서 찾게 된다. 그가 그린 수많은 인도의 태양과 토템의 스케치들이 이를 증명하며 아마도 바라나시의 수수께끼 같은 풍경이 그가 그린 이상 도시의 바탕이었을 수도 있다. 그래서 그는 통상적인 건축의 문법으로는 이해할 수 없는 그 광대한 광장을 그렸을 것이다.

그렇다. 바라나시를 보고 난 후, 나는 르 코르뷔지에가 만든 그 부재의 광장을 이해할 수 있었다. 저 멀리 히말라야 산맥의 실루엣이 보이고 태양이 마구 내리쪼이는 이 황량한 들판에 그는 오랫동안 소망하던 새로운 아크로폴리스를 세운 것이다.

찬디가르의 중심 광장 뒤편에는 '열린 손(Open Hand)'이라는 상징물이 있는데, 르 코르뷔지에는 이 손을 찬디가르를 시작하기 오래 전부터 시시때때로 스케치해 왔다. 언젠가 어디에선가 이 손을 만들 수 있을 것이라는 믿음을 간직해왔을 것이다. 드디어 찬디가르에 세우게 된 이 조형물을 두고 그는 다음과 같이 설명하였다. "찬디가르에 솟은 이 손은 평화와 화해의 표시이다. 창조적 풍요함을 받아 이를 세계인에게 건네는 이 손은 새로운 시대의 상징이다."

아마도 '열린 손'은 이 새로운 도시에 살기를 원하는, 혹은 이 도시를 염원하여 동의하는 이들을 환영하는 르 코르뷔지에의 커다란 몸짓이 아닐까. 시대를 초월한 거장 르 코르뷔지에가 만든 이 찬디가르는 근대의 여느 신도시가 아니다. 역사를 초월한 의식에 바쳐진 태양의 도시이며 인도의 땅에 새긴 새로운 신화였다.

열린 손

Le Corbusier

• 찬디가르 도시 계획

0   2KM

• 찬디가르 행정관서군 배치도

0   300M

7

마음의 풍경

한 스 샤 로 운 의
베 를 린 필 하 모 니 홀

도시와 건축이 이 땅 위에 서게 되는 동기는 수없이 많지만, 건축의 역사를 통하여 그래도 우리의 삶을 의미 있는 것으로 만들어주었던 건축은 대개가 문화적 목적으로 이루어진 것들이었다. 건축은 인간의 삶을 풍요롭게 하여 가치 있는 것으로 만들어주는 시설이어서 우리는 그 속에서의 삶을 통해 한층 더 높은 이상을 달성할 수 있도록 고양된다.

물론 그러한 건축은 소수에 불과하며 이 땅에 서 있는 대다수의 건축은 그와는 다른 목적으로 만들어진다. 예컨대 자본이 사회를 움직이는 중요한 인자가 된 요즘에는 경제적 동기에 의한 건축이 대부분이다. 그러나 자본이나 경제적 동기에서 만들어지는 그런 건축 속에서의 삶은 자칫하면 비릿한 냄새가 나기 쉬우며, 건강한 건축이 되기 어렵다.

시민의식이 싹트기 전에는 지배계층의 권력이 도시와 건축을 만드는 중요한 동기였다. 우리의 삶을 지배하기도 하는 도시와 건축이 그러한 절대권력에 의해 만들어지면 그 건축적 공간은 대부분 주종의 관계를 설정하고야 만다. 결국 그러한 계급적 공간 속에서 인간의 참다운 모습을 발견하는 일이란 쉽지 않다.

가장 나쁜 경우가 잘못된 이념에 의해 만들어지는 건축이다. 특히 배타성 짙은 이념의 강제적 지시에 의해 인간을 도구화시키는 그런 건축은 거의 항상 탄식과 허무로 끝맺음되며, 이러한 종말은 인류의 문명을 도리어 퇴보시킨다.

알베르트 슈페르(Albert Speer)라는 건축가가 있었다. 히틀러가 총애했던 이 사람은 나치 제국에서 2인자의 지위를 누린 파시즘 건축가였다. 그는 히틀러와 나치 제국의 영화를 과장하기 위한 도시와 건축을 짓는 일에 몰두하

베를린 필하모니 홀의 입구

였는데, 그런 그의 건축정신을 지배하는 것은 오로지 파쇼에의 광신이었다. 이러한 건축은 인간을 극도로 왜소하게 만들고 결국은 인간을 마비시키고 파멸케 하는 힘만 가지고 있을 뿐이었다. 히틀러가 소위 세계의 수도를 갖기 위해 1938년에 이 왜곡된 건축가를 시켜 베를린에 세우기 시작한 '게르마니아(Germania)'가 바로 그런 도시와 건축의 전형이다.

베를린은 13세기에 이르러서야 서구 도시의 역사에서 비로소 기록되기 시작하는 젊은 도시이지만 18세기에 프로시아 황제의 계몽주의 정책에 힘입어 유럽 예술의 확고한 중심지가 된 문화의 도시였다. 인류 문화에 불멸의 기록을 남긴 괴테가 이 문화의 도시 출신이며 우리의 삶을 풍요하게 만든 하이든과 베토벤, 모차르트, 바그너가 그들의 예술 혼을 불사른 곳이다.

그러나 비뚤어진 민족주의 이념에 사로잡힌 슈페르와 히틀러는 베를린의 중요한 가로들을 절단하고 찬란한 문화의 흔적을 지우면서 그 위에 그들의 광신적 신전을 세운다. 물론 그들의 이 허망한 도시는 2차대전의 종언과 함께 결국 전대미문의 폐허가 되고 만다.

각고의 노력으로 패전의 참상을 딛고 일어선 베를린 시민들이 폐허 위에 제일 먼저 세우고 싶어했던 것은 무너진 베를린 필하모니 홀이었다고 한다. 그들의 자부심이었으며 그들 도시의 문화적 상징인 베를린 필하모니의 음악이 그들의 회한과 분노를 달래줄 가장 유효한 치유제임은 의심할 여지가 없었으리라. 그들은 파시즘의 광신도들이 남긴 상흔을 꿰매기 위해 바로 그 광신의 도시 '게르마니아'의 중심 축이 지나갔던 장소인 티어가르텐(Tiergarten) 지구 남쪽에 있는 켐퍼 광장(Kemperplatz)을 택하여 새로운 베를린 필하모니 홀을 세우기로 결정한다. 켐퍼 광장은 전후 또 다른 이념 분쟁으로 인해 동과 서로 갈라진 포츠담 광장(Potzdamerplatz)에 이웃하는 곳이 었다.

베를린 필하모니 홀의 재건을 위해서 1956년 12명의 건축가들이 초청되어 설계경기를 가진 결과 한스 샤로운의 안이 당선되었다. 샤로운은 브레멘 출생으로 1927년에 이미 독일을 대표하여 근대 건축의 실험적 각축장이었던 슈투트가르트의 바이센호프 주거단지를 설계한 세계적 건축가 중의 한 사람이었으며, 1951년에 '인간과 공간'이라는 주제로 인간을 중심으로 하는 건축개념을 발표하여 세계의 주목을 끌면서 당대 거장의 반열에 들어선 진보적 건축가였다.

그는 베를린을 문화의 도시로 환원시켜야 할 당위를 주장하고 문화의 포럼을 켐퍼 광장에 세울 것을 강조한다. 이것은 공산주의 지배하에 있던 동 베를린에 대한 체제의 우월성을 선전하고 싶어하는 서 베를린 의회를 매료시키는 제안이었다.

그는 베를린 필하모니 홀을 설명하면서 '음악을 가운데 두는 곳'이라는 말로 그의 개념을 요약하였다. 그전까지 거의 모든 음악홀이나 공연장은 무대가 맨 앞에 위치하여 객석과 공간적으로 분리되어 있었을 뿐 아니라 연주자나 공연자는 객석을 향하여 일방적으로 음악을 던져주고 객석의 관중은 수동적으로 받기만 하는 그런 형태였다는 것이다. 프로세니움이라 불리는 이런 형태의 공간에서는 일방향적 의사소통으로 인해 공연에 참가하는 모든 이들간에 유대가 이루어지기 힘들다. 즉 한 공간에 있으면서도 전체적 공동체를 형성하기 어렵다.

여기서 극장의 원형을 상기할 필요가 있다. 서양건축에서 극장의 원형

켐퍼 광장과 베를린 필하모니 홀

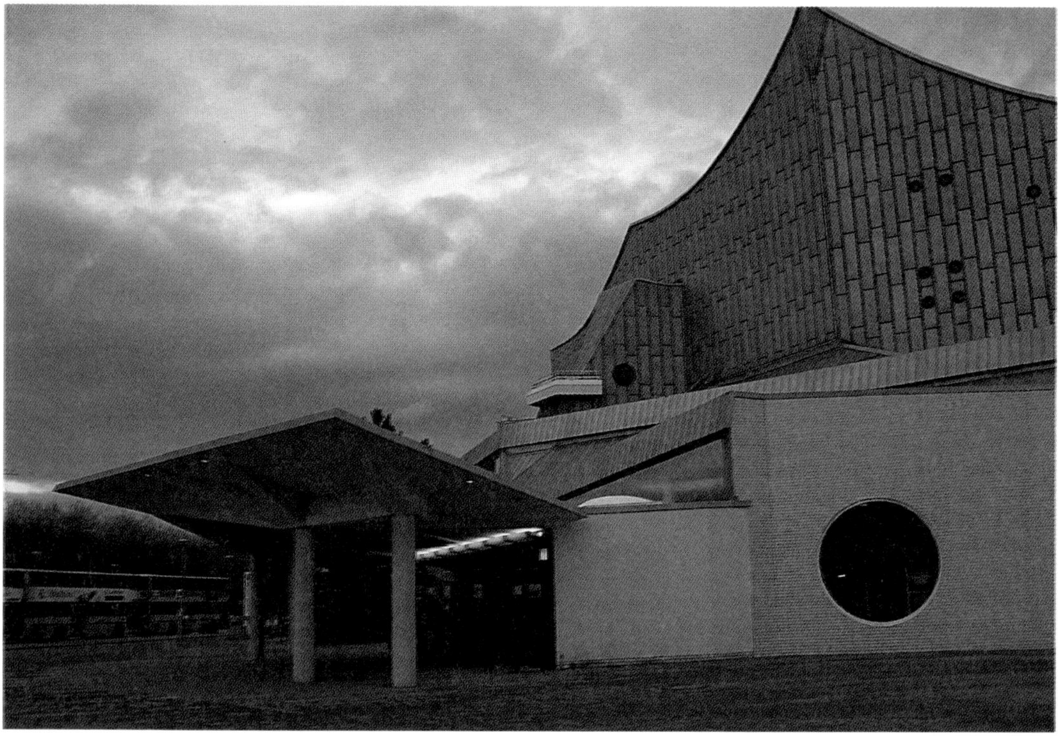

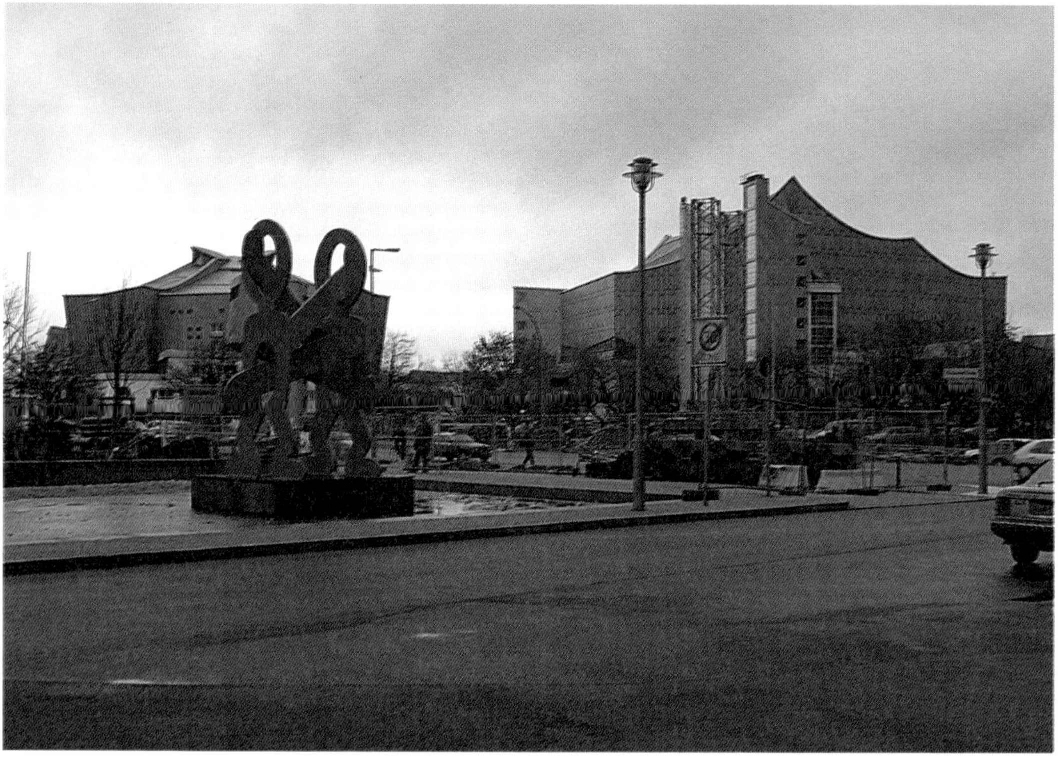

은 그리스의 야외극장이다. 앰피시어터라 불리는 이 노천극장은 반원형의 무대를 아래에 두고 경사진 언덕에 동심원을 그리도록 객석을 배치한 형태이다. 객석에 앉은 관중은 무대의 배우를 볼 뿐 아니라 그 자리에 함께한 관중들도 본다.

이것이 상징하는 것은 바로 '공유'라고 하는 가치를 염두에 둔 건축개념이다. 모든 이들이 같은 시간에 같이 앉아 같은 음악을 듣고 보는데, 이를 서로 마주보며 확인한다는 것이다. 모두가 참여해 있다는 것, 이것이 민주주의이며 그러한 민주적 건축이 있는 도시와 사회는 당연히 민주적 사회가 된다. 아테네와 로마의 민주정치가 여기에서 비롯되었으리라.

오케스트라를 홀의 한가운데에 둔다는 것은 종래 극장 건축 설계를 혁명적으로 바꾸는 것이었으나 사실은 중세 이후 변질되어온 극장 건축의 원형을 되찾는 일이라는 게 더욱 올바른 설명이다. 다시금 건축의 본질에 다가선 샤로운의 안은 좌석과 무대를 일직선상에 놓는 경직된 배치를 탈피했을 뿐 아니라 공동체적 공간을 재창조한 사건이었으며, 그의 공간은 투시도적 관점에 익숙해 있던 모든 공간 구조를 일시에 무너뜨리는 전환점이 된다. 이 안이 맨 처음 발표되었을 때 카라얀은 샤로운에게 절대적 지지를 보냈다고 한다.

이 연주장의 내부 풍경은 그래서 다른 곳과는 너무도 다르다. 깊은 곳에 자리잡은 오케스트라 피트는 경사진 언덕에 놓인 듯한 관중석 테라스에 의해 둘러싸여 있다. 서로 다른 크기의 테라스 중에는 불과 몇 십 명을 수용할 수 있도록 한 경우도 있어 서로 더욱 강한 유대를 느끼게 한다. 물론 마주보는 테라스들은 그 속에 앉은 이들이 서로를 확인하며 친밀감을 만들어내도록

필하모니 홀의 입구 캐노피[위]
포츠담 광장 초입에서 문화 포럼을 둘러싼 베를린 필하모니 홀을 보다.[아래]

가깝게 조성되어 있다. 그러나 이러한 친밀감으로 인해 언뜻 보면 작은 규모로 느껴지는 이 홀은 놀랍게도 무려 2,218석의 좌석을 수용하고 있으며, 어떠한 좌석도 무대로부터 가시거리 한계인 32m 이상을 벗어나지 않도록 되어 있다.

불규칙하지만 아름다운 선의 테라스들이 친밀하게 조직된 이 연주장의 천장에는 구름처럼 보이는 음향판이 춤추는 듯 달려 있고 그 사이를 비추는 조명 불빛은 마치 밤하늘의 별빛 같다. 한 폭의 아름다운 풍경을 보는 듯한 착각에 빠지게 되는 것이다.

- 연주회장을 빠져나오면 전혀 예상치 못했던 새로운 공간이 펼쳐진다. 계단과 회랑들이 연주홀의 하부인 로비 공간으로 흐르면서 또 하나의 아름다운 공간이 오케스트라의 음향처럼 전개되는 것이다. 마치 방금 홀 안에서 들었던 감동적인 연주가 다시 공간으로 변하여 흐르는 듯하다.

이 벅찬 감동은 내부에서만 그치는 것이 아니라 외부로도 이어져 흐른다. 베를린 필하모니 홀의 외관은 곡선으로 되어 있다. 외부만 따로 떼어놓고 보면 뜬금없이 보일 수도 있는 이 곡선은 내부의 선율이 그대로 밖으로 흘러 만들어진 것이다. 요즘 부질없이 유행하는 외관만을 위한 배려가 결코 아닌 것이다.

그러나 정작 한스 샤로운이 이루려 했던 새로운 성취는 건축의 혁명적 형태 자제에 있는 것이 아니다. 그가 진정으로 이 건축을 통하여 우리에게 말하고자 한 것은 그가 전 생애에 걸쳐 연구한 인간과 공간 사이의 관계에 대한 것이며, 이는 바로 건축 속에 '공동성(communality)'이라는 가치로 굳게 확립되어 갈라져 있던 우리를 변화시키고자 했던 것이다. 이러한 가치

베를린 필하모니 홀 공연장 내부의
음악 같은 풍경

는 극단적 배타주의를 지향했던 나치가 남긴 참혹한 기억을 극복하게 하였고 나아가 일그러진 이념에 대한 인류의 승리를 상징하는 것이었다.

지난 1999년 겨울 이곳을 찾아 상트 페테르부르크 필하모니가 연주한 차이코프스키 첼로 협주곡을 들었을 때, 나는 음악만을 듣고 있지 않았다. 오케스트라 건너편 테라스에 앉은 할머니들이 감동받는 표정을 보고 있었고, 그 옆 테라스에 옹기종기 모여 있는 연인들의 밀어를 들었으며, 그 위에 앉은 노인의 사색을 느꼈다. 마치 작은 마을의 야외무대에서 옹기종기 모여 앉아 아름다운 시간과 공간을 공유하는 듯한 경험을 우리의 선한 기억 속에 저장하는 순간이었다.

실로 첼로의 음을 매개로 모두가 하나되는 시간이었으며 서로의 감동을 나눔으로써 그 색채가 더욱 농밀해지는 잊을 수 없는 아름다운 밤이었다.

베를린 필하모니 홀은 착공 후 3년 만에 완공된다. 이 홀이 완공된 지 몇 년 후, 루드비히 미스 반 데어 로에가 그의 모든 건축의 진정성을 다하여 베를린 미술관 신관을 이웃하여 짓게 되면서 이 켐퍼 광장은 한스 샤로운이 주창한 '문화 포럼'의 개념을 실현하며 명실공히 베를린의 중심 문화 지역이 되었고 베를린 시민뿐만 아니라 세계인에게 중요한 문화적 생산 기지로 인식되었다. 더욱이 이 광장은 바로 베를린 장벽이 지나가는 포츠담 광장에 이웃한 까닭에 민주주의의 체제적 우위를 선전하기에는 제격이었다.

그러나 1989년 베를린 장벽이 무너져내린 날, 바로 그날 밤, 벤츠와 소니라는 거대 자본은 포츠담 광장에 대한 개발 계획을 발표한다. 그리고 십수년이 지난 지금은 그들 자본이 만든 고층의 건물들이 공룡처럼 솟아 그

음악 선율 같은 느낌을 주는 공연장 로비^위
내부의 풍경과 음악의 선율이 외부 조형에까지 연결돼 표현되어 있다. 건축가의 이름을 따서 거리의 이름을 지었다.^{뒷면}

한 많은 베를린 장벽의 기억을 깡그리 지우고 온갖 현란한 모습으로 유혹하며 소비를 아우성질하듯 서 있다. 아! 이념도 굴복했던 이 문화의 도시를 굶주린 자본이 다시 위협하고 있는 것이다. 이념보다 교묘한 자본의 장벽이 더욱 더 견고하게 다시 선 듯 느꼈다면 이는 나의 염세적 습관 때문일까.

바라건대 문화로 세운 도시는 결단코 쉽게 무너지지 않을 것이다. 그 도시는 우리의 눈앞에 있는 게 아니라 우리의 정신 속에 있기 때문이다. 잘못 쓰인 자본은 마약과 같다. 이 마약이 아무리 우리를 취하게 만들어도 베를린 미술관 신관의 투명한 유리벽에 비치는 베를린 필하모니 홀의 황금빛 벽, 그리고 그 안의 풍경……. 이 아름다운 건축은 이미 우리의 마음속 깊은 곳에 존재하여 화석처럼 잊혀질 수 없는 풍경이 되었으니 그와 더불어 우리의 선한 기억은 영원히 남을 것이다.

소니 플라자의 어지러운 내부 풍경

Hans Scharoun

한스 샤로운 1893-1972

샤로운은 1893년 독일 브레멘(Bremen)에서 태어났다. 1912년에서 1914년까지 베를린 고등기술학교에서 건축을 수학한 그는 1차대전 후 프러시아의 재건에 참여하였고 인스터부르크(Insterburg)의 도시 계획을 책임지기도 했다. 브루노 타우트(Bruno Taut)가 설립한 표현주의 예술단체 '유리사슬(Gläserne Kette)'의 회원이었으며 이때부터 일생 동안 사회주의사상에 심취했다. 1926년에는 건축 단체인 '링(Der Ring)'에 가입하여 활발한 건축 디자인 활동을 펼쳤다. 당시의 사회·경제적 상황으로 인해 실질적인 건축은 이루어지지 못했지만 향후 그의 작품을 대표하게 되는 역동적인 실내 공간이 이 당시의 디자인에서 서서히 나타나게 된다. 1927년에는 슈투트가르트의 바이센호프 주거단지 계획에 참여하였으며, 1932년 베를린에서 개인 설계 사무실을 열었다. 전후 1946년 베를린의 건축·주택부 부장으로서 재건 프로젝트를 진행했으며, 같은 해 베를린 기술대학의 도시 계획 교수로 취임했다. 1963년 샤로운은 첫 주요 작품인 베를린 필하모니 홀(1956~1963)을 설계했으며, 그 성공으로 브라질리아의 독일대사관(1970), 볼프스부르크(Wolfsburg) 시립극장(1965~1973) 등 많은 작품 활동이 뒤따랐다. 후기 작품에는 전체 형태가 분절되는 경향이 두드러지게 나타나는데, 이는 '민주주의하의 개인'과 같이 독자적 성격을 가진 개체들이 모여 전체를 구성하는 그의 이상을 반영한 것이다.

• 베를린 필하모니 홀 진입 레벨 평면

• 공연장 레벨 평면

• 단면

0　　　　　50M

시적 진실로 이룩한 20세기 건축의 대혁명
베 를 린 국 립 미 술 관 신 관

인류 역사와 더불어 이 땅에는 수많은 건축이 지어졌지만, 그 모든 건물이 다 창조적 건축이라고 보는 것에는 무리가 있다. 오히려 대부분의 건축은 다른 건축을 본받거나 답습하여 태어나게 되는 아류이다. 우리의 환경은 대부분 그러한 인습적 혹은 보수적 건축에 의해 구성되어 있는 게 사실이지만, 그렇다고 그러한 현상을 나쁘게만 볼 것도 아니다. 왜냐하면 우리의 귀중한 삶이 의탁되는 건축은 보수적이어야 우리의 안정적 삶이 나쁜 건축 속에서 실패하지 않도록 보장받을 수 있기 때문이다.

그러한 아류적 건축 — 다른 건축을 답습하거나 영향받아 세워지는 건축 — 을 추적하다보면, 반드시 어떤 원형과 만나게 된다. 즉 한 시대를 결정짓는 건축과 만나게 된다는 것이다. 그런 건축을 우리는 건축의 원형이라 부른다. 건축 원형들은 아무리 시대가 흘러도, 어떤 장소에서도 우리에게 짙은 감동을 준다. 그것은 그 원형을 만든 건축가의 싱싱한 생명이 그 건축 속에 무서운 에너지를 내뿜으며 고스란히 살아남아 있기 때문이다.

그렇다면 과연 20세기 건축의 원형은 무엇일까. 나는 주저 없이 20세기의 거장 루드비히 미스 반 데어 로에가 만든 베를린 국립미술관 신관(Neue Nationalgalerie)을 그 대표적 실례로 든다.

1962년 베를린 시의회는 전쟁으로 폐허가 된 켐퍼 광장에 새로운 미술관을 세우기로 결정하고 과거 24년간 조국을 떠나 있었던 루드비히 미스 반 데어 로에를 그 설계자로 지목하여 초청하게 된다. 당시 76세의 노장 미스에게 베를린은 잊을 수 없는 건축적 고향이었다.

나치의 반문화적 행태에 저항하여 미국으로 이민 간 그였지만 베를린에서 브루노 파울(Bruno Paul)과 페터 베렌스를 20년 동안 사사하면서 근대

베를린 국립미술관 신관. 들어 올려진 땅과 떠 있는 지붕

건축에 대한 신뢰를 다졌으며, 근대 건축의 요람지였던 바우하우스의 3대 교장이 되면서 그의 이론과 실제를 접목하는 가장 행복한 시절을 보낼 수 있었다.

 이곳은 그가 평생의 목표로 삼았던 새로운 건축이념인 테크놀로지에 대한 신념의 근원을 이룬 곳이었음이 분명하다. 그러나 그의 영광이 만개하기 전, 이곳은 또한 그에게 건축적 좌절을 안겨주었으며 온갖 미련을 남기고 떠나야 했던 그런 곳이기도 했다.

그는 오래전부터 새로운 시대의 새 삶에 대한 확신에 차 있었다. 그리고 그러한 삶을 새로운 건축을 통해 만들 수 있다고 믿었다. 1927년, 그는 슈투트가르트에서 바이센호프 주거단지의 전시회를 개최하면서 20세기라는 새로운 시대의 건축을 역설한 바 있다. 그는 그 전시회에서 다음과 같이 외친다. "우리가 여기에 설계한 것은 집이 아닙니다. 바로 새로운 시대의 새로운 삶을 설계하였습니다."

 그는 복잡한 입면으로 집의 구조가 보이지 않거나 쓸데없는 치장으로 삶이 묻혀버려 보이지 않게 된 집 위에 거친 가위표를 한 그림을 포스터로 내걸면서까지 그 전시회에 모인 청중을 향해 새로운 건축적 이상을 가질 것을 강조하였던 것이다.

 그는 테크놀로지를 건축의 일개 도구로만 보지 않았으며 오히려 20세기라는 세계 자체로 파악한다. 따라서 건축과 테크놀로지의 합일이야말로 새로운 가치이자 그의 목표였다. 왕성한 공업 생산력의 증대로 만들어진 철과 유리는 테크놀로지 세계의 실현에 몰두하던 그에게 더없이 좋은 소재였으며, 1938년 그가 이민지로 택한 시카고라는 도시에는 철과 유리로 된 건축이 대부분이어서 그에게 더없이 좋은 장소였다. 그의 신념은 미국의 기술 역량을 바탕으로 여러 건축적 실현을 이루게 되고, 결국 그 토대 위에서 그의 건축적 신념이 만개하여 그를 거장의 대열에 올려놓는다.

이제 그의 삶과 건축 인생을 정리할 시점에, 그가 결코 잊지 못하는 땅 베를린에 세워질 이 미술관의 설계 의뢰는 그야말로 그의 건축 정수를 집중시킬 마지막 기회였으며, 그는 어쩌면 이 순간을 위해 그의 지나간 모든 역정이 있었다고 생각했을지도 모른다.

미스가 베를린 국립미술관 신관에서 성취한 것은 가히 놀라운 것이었다. 그는 미술관을 상설전시 공간과 기획전시 공간의 두 부분으로 나누어, 상설전시 공간은 포디엄(podium: 건물의 기둥이나 벽을 세울 때 이를 지지하기 위해 평지보다 약간 높인 기초나 주초, 혹은 기단부) 속에 두고, 포디엄 위에 불과 8개의 가느다란 철제 기둥으로 지지되는 64.8m 크기의 정방형 지붕을 띄워 그 속에 투명한 공간을 만든 뒤 이 공간이 기획전시 기능을 수행하도록 하였다.

따라서 이 미술관은 두 개의 수평면으로 구성되어 있다. 하나는 땅에서 다소 솟아 있는 수평면이며, 다른 하나는 하늘에 떠 있는 수평면이다. 이 두 면 사이에는 아무것도 없다. 그냥 비어 있을 뿐이다.

여기서 주목할 만한 것은 내부에 기둥이 하나도 없거나 불과 8개에 불과한 외부 기둥이 지극히 가늘다는 것, 혹은 기둥 없이 뻗은 18m 길이 캔틸레버(cantilever: 한쪽 끝이 고정되고 다른 끝은 받쳐지지 않은 상태로 되어 있는 보. 건물의 처마 끝, 현관의 차양, 발코니, 계단 등에 많이 이용된다) 구조의 기술적 성취에 대한 놀라움이 아니라, 두 수평면 사이에 창조된 투명한 공간이다. 이 공간은 기획전시를 위한 공간이기는 하지만 딱히 어떤 특별한 기능을 하지는 않는다. 어떠한 기능도 다 수용할 수 있으며 또한 모든 기능을 만들어낼 수 있는 그런 공간이다. 그는 이 공간을 유니버설 스페이스(Universal Space)라 불렀다. 번역하면 보편적 공간이라 할 만한 이 공간은 21세기가 된 지금에도 현대 건축의 중요한 개념으로 취급되고 있다.

과거의 건축, 특히 서양의 건축에서 벽체는 두 가지 목적으로 쓰였다. 하나는 지붕을 지지하는 것이며 다른 하나는 공간을 구획하는 것이다. 지붕을 띄울 수 있는 기술에 대한 통찰력을 지녔던 미스에게 벽은 완전히 자유로운 장치물이었을 뿐이다. 따라서 미스의 건축은 과거의 중량에 대한 속박에서 벗어나지 못하는 건축, 그래서 둔중하고 불투명할 수밖에 없는 건축, 즉 내부와 외부가 서로 만날 수 없는 건축과는 모든 면에서 다른 건축이 되는 것이다. 그것은 테제와 안티테제의 문제였으니 구시대와 새로운 시대를 가르는 진정한 혁명이었다.

미술관을 방문했을 때는 진눈깨비가 막 그친 어느 겨울날의 오후였다. 한스 샤로운이 설계한 베를린 필하모니 홀과 국립미술관의 곡선들이 이루는 아름다운 실루엣이 켐퍼 광장으로 접근하던 나를 즐거운 기분 속으로 이끌었다. 그러나 미스의 검은 지붕이 내 시야에 드러나는 순간, 나는 호흡이 멎는 줄만 알았다.

　　엄청난 긴장이 엄습한 것이다. 이러한 긴장은 건축 원형을 조우하는 순간 어쩔 수 없이 가지게 되는 의식이다. 특히 이 미술관의 주변은 동서 독일의 통일 이후 막강한 서양 자본이 물밀듯이 들어와 베를린 장벽이 서 있

던 인근을 온갖 현란한 형식의 상업주의 건물로 채우며 또 다른 장벽을 쌓아가고 있는 중이었다.

그러나 가장 단순한 형태를 지닌 이 미술관은 30년의 세월이 지난 지금에 이르러서도 장엄한 기품으로 주변을 압도하고 있어 마치 20세기의 파르테논을 보는 듯하였으며, 내게는 결단코 쉽게 무너지지 않는 건축의 본질적 모습을 확인하는 순간이었던 것이다.

포디엄에 오른다. 지면으로부터 불과 90cm 정도밖에 되지 않는 나지막한 기단이지만, 수평면에 다다른 순간 이미 주변의 도시로부터 벗어난 공간 속에 있음을 느끼게 된다. 심리적으로는 일상의 생활에서 탈피한 듯하고 어쩌면 폐허로 남은 아크로폴리스의 고요함에 도달한 듯도 하다. 도시는 이미 저 멀리 아래에 있고 나는 광활한 평원 위에 떠 있는 검은 철제 지붕 속으로 흡입되고 있었다.

검은 지붕 아래 내부를 둘러싼 16mm 두께의 투명 유리는 내부와 외부를 가르는 경계가 아니었다. 그 유리는 주변의 풍경을 투명한 유리상자 안으로 전달하는 매개적 장치였으며 그 장치 위로는 방금 갠 하늘의 구름이 반사되어 내부와 외부의 경계를 더욱 모호하게 하였고, 끊임없이 내·외부를 교류시키고 투영하며 반사하였다. 이 신비의 건축은 도시 속에 서서히 용해되고 있는 것이다.

유리문을 밀고 내부로 들어가면 주변의 도시 풍경은 이 공간을 둘러싼 벽이 된다. 내부의 공간은 시시때때로 변하는 하늘 풍경에 의해 밝혀지기도 하고 우울해지기도 하며, 때로는 침묵을 때로는 환호를 가져다준다. 폐쇄되어 고정된, 그래서 목적이 없어지면 공간마저 없어지는 그런 구시대의

검은 지붕의 그림자 속 유리 위로 반사되는 외부 풍경

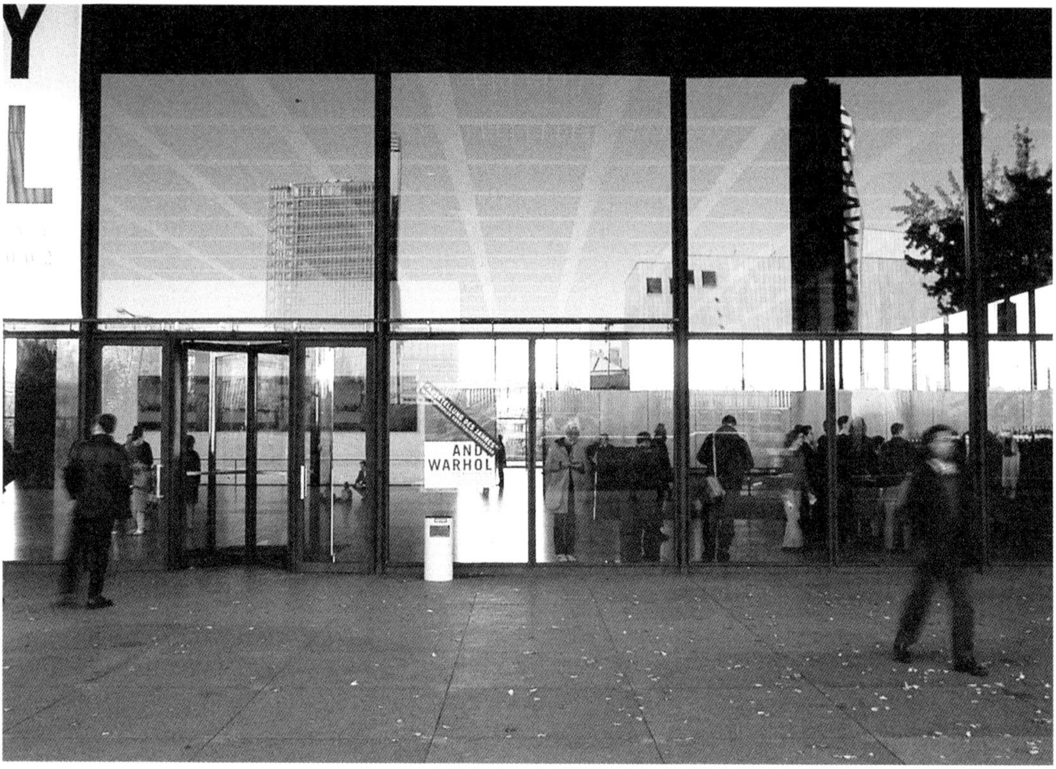
AND
WARHOL

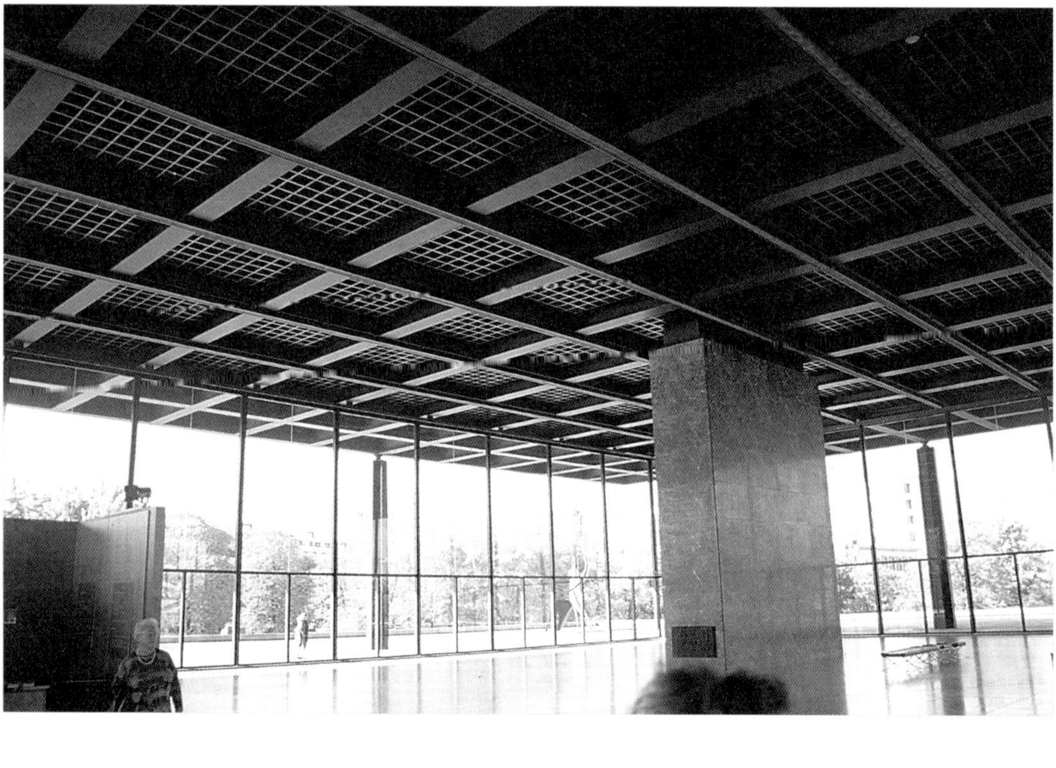

건축 공간과는 확연히 반대의 입장에 있는, 항상 살아 있는 공간인 것이다.

계단을 타고 포디엄의 내부로 내려가면, 상설전시가 있는 공간이다. 모든 이가 지하의 공간이라고 여기는 순간, 전시실 한쪽 면에 위치한 외부 조각 전시장을 보게 되면 또 다른 지표면을 인식하게 된다. 이는 도시 속에 있으나 도시로부터 완벽히 보호되는 하나의 문화적 낙원이다. 다시 포디엄 위로 오른다. 리처드 세라(Richard Serra)와 알렉산더 칼더(Alexander Calder)의 조각이 이 집의 위엄에 존경을 표하는 듯 솟아 있다.

미스의 전기 작가인 프리츠 노이마이어(Fritz Neumeyer)는 이 집을 두고 이렇게 말하였다. "세상이 포스트모더니즘이나 해체주의 혹은 미디어의 관심을 끌기에 혈안이 된 각종 유행병들의 부질없는 사기행각으로 가득 채워지고 있을 때, 미스가 만든 이 건축은 시적 진실함과 구조의 정직함에 대한 깊은 열망을 많은 사람들에게 일깨우는 참으로 신선한 자극제이다."

베를린 장벽이 허물어진 후, 동서 독일을 오가는 통로에 설치되었던 찰리 검문소(Check Point Charlie)에 새로운 건물이 들어서고 그 일부는 박물관으로 꾸며져 그 옛날의 긴장들을 많은 사진과 유품으로 보여주고 있었다. 물론 부단히 자유를 찾아 서 베를린으로 탈주하는 사람들에 관한 것이 대부분이었고, 자유에 대한 인간의 열망을 기리는 목적으로 모든 벽면이 장식되어 있었다.

한 벽면에 쓰어진 문구가 나를 한동안 움직이지 못하게 했음을 기억한다. 칼 마르크스(Karl Marx)의 글이었다. 이를 그대로 해석하면 이렇다.

"우리 인류의 존엄성의 이름으로, 우리들 마음의 변화와 우리들 손들

외부 풍경이 유리에 반사되어 내부로 들어가 있다.[위] 외부 풍경은 이 건축의 내부를 둘러싼 입면이 된다.[아래]

외부 도시 풍경이 벽으로 나타난다. 왼쪽   지상부 전시관 오른쪽

의 치켜세움, 이것을 나는 혁명이라 부른다(Ich nenne Revolution die Verwandlung aller Herzen und die Erhebung aller Haenden in den Namen der Ehrdes Menschen)."

나는 이 글을 외우면서 미스의 베를린 국립미술관 신관을 생각하고 있었다. 그의 건축은 혁명이었다. 그로 인해 우리의 건축은 변화하였고 더불어 우리의 삶도 변화하지 않았는가. 그렇다. 미스는 건축을 이룬 게 아니라 켐퍼 광장에 혁명을 이룬 것이다.

기단 위에 있는 리처드 세라의 조각 작품

Ludwig Mies van der Rohe

루드비히 미스 반 데어 로에 1886-1969

1905년 베를린으로 이주한 미스는 브루노 파울(Bruno Paul)과 페터 베렌스(Peter Behrens)의 사무실에서 근무했다. 1913년 베를린에 설계사무실을 열었고, 1921년 유리로 지은 마천루 계획안을 발표했으며, 1923년에는 네덜란드의 데 스틸과 러시아 구성주의(Russian Constructivism) 미학에 공감하며 테오 반 두즈버그(Theo van Doesburg), 엘 리시츠키(El Lissitzky) 등과 함께 잡지 『G』를 발간했다. 1926년 독일공작연맹(Deutscher Werkbund) 부회장이 된 후 이듬해 연맹에서 기획한 슈투트가르트 바이센호프 주거단지(Weissenhofsiedlung) 계획을 지휘했다. 1929년에는 떠 있는 지붕 면 아래로 벽들이 자유롭게 배치된 바르셀로나 국제전시회 독일전시장으로 건축계의 주목을 다시 받았으며, 1930년에는 보히미아 브루노(Brno)의 투겐타트 주택(Tugendhat House)을 완성하였다. 같은 해 교장을 맡은 바우하우스(Bauhaus)가 2년 후 나치에 의해 폐교되면서, 미스는 1938년 미국으로 건너가 일리노이 공과대학(IIT) 건축학과장을 맡으며 대학 마스터플랜을 수행했다. 이후 미스는 미국에서 새로운 구조와 공법을 실험하며 일리노이 플라노(Plano)의 판스워스 주말주택(Farnsworth Weekend House, 1946~1951), 일리노이 공과대학 크라운 홀(Crown Hall, 1950~1956), 뉴욕 시그램 빌딩(Seagram Building, 1954~1958) 등의 작품을 남겼다. "적은 것이 더 많은 것이다(Less is more)"라는 언급으로 자주 대변되는 그의 건축철학에는 최신 공법을 이용하여 구조적 합리성을 띤 보편적 공간(Universal Space)을 만들어내려는 의지가 담겨 있다. 말년에는 베를린으로 돌아와 국립미술관 신관(Neue Nationalgalerie, 1962~1968)을 설계했다.

• 베를린 국립미술관 신관 지하층 평면   • 지상층 평면

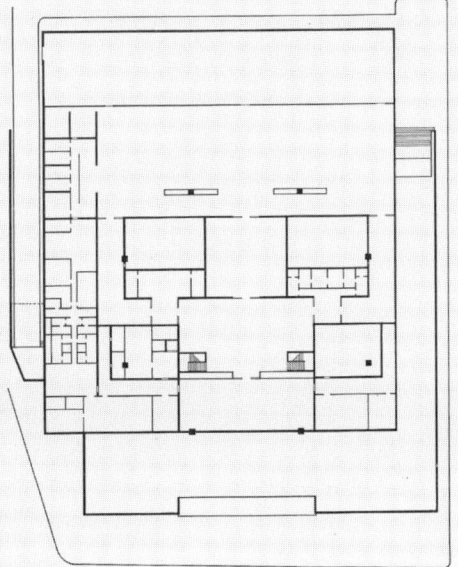
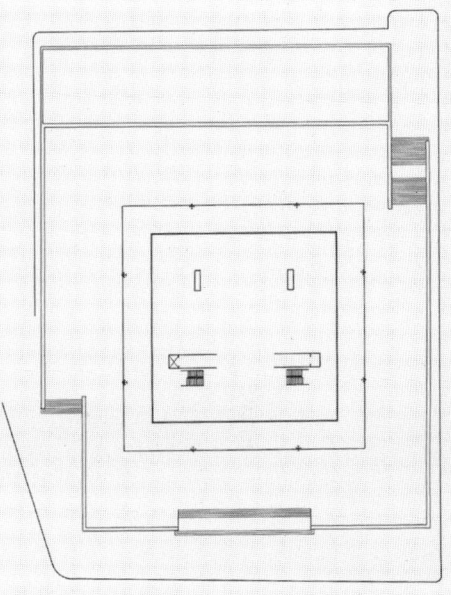

• 입면

• 단면

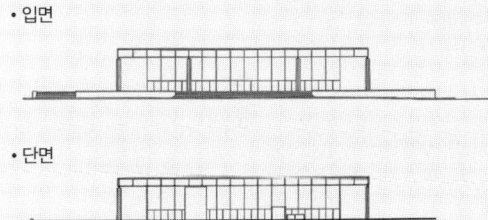

0　　　　　50M

9

침묵의 메시지
루이스 칸과 루이스 바라간의 건축정신

다른 분야도 마찬가지겠지만 건축의 이론적 바탕을 이루고 있는 거의 모든 체계가 서구에서 만들어진 것임은 부인할 수 없다. 건축이 지식과 경험의 축적에 의한 것임에도 불구하고 서구와 역사적 배경이 다른 우리는 그 지식의 역사와 경험의 과정을 알지 못한 채 그저 저네들이 만든 결과를 가지고 우리의 건축을 만들고 있는 것이다. 모더니즘이라는 것도 그렇고 포스트모더니즘이라는 것도 그러하며 20세기 말엽의 해체주의라는 것도 그 껍데기의 파편만을 건축의 중심 사조인 양 애지중지하기도 한다. 그나마 이러한 학문이나 이론이 직수입되지 못하는 경우가 많아 왜곡된 형태로 우리에게 소개되고, 본말이 전도되어 건축으로 형상화되는 경우도 있으니 그 폐해는 자못 심각하다.

물론 서구의 건축이론이 우리에게 소개되기 이전에 이 땅에는 우리의 삶을 담는 그릇인 우리의 건축들이 당당히 존재해왔던 터임에도 '우리의 건해'는 저들뿐만 아니라 우리 스스로에 의해서도 줄곧 무시되기 일쑤였으며 그런 터에 우리의 건축이론이 이어질 리 만무하였다. 심지어 지난날 개발시대에 우리의 고유한 건축은 빈곤의 상징이요, 이 땅에서 추방해야 하는 구시대적 잔재였던 적도 있었다. 그러던 것이 과거 군부독재의 정권이 정체성의 위기를 맞이하여 '한국적 민주주의'인가 뭔가를 우리에게 세뇌시키려고 하였을 때, 곡학아세하는 건축가와 건축학자들을 동원하여 '한국적 건축'이라는 괴물들을 이 땅의 중요한 곳마다 만들어놓는 바람에 올바른 '우리의 건축'을 이 땅에서 찾는 일이 더욱 요원해졌고 급기야 우리의 현대 건축은 미궁에 빠지게 된 것이다.

이들이 만든 '한국적 건축'이란 대개 옛날 우리 선조들이 만든 건축을 모양만 흉내내어 기둥 양식을 본뜨고 그 위에 기와를 얹고 원색으로 칠하거나 계란색인가 뭔가를 칠한 후 이것을 '한국적 건축'이라고 우긴 것이었다. 물론 지금이라고 별 달라진 것도 없다.

가장 한국적인 것이 세계적이라는 구호가 신통한 말인 양 어느 날 갑자기 우리에게 다가왔다. 과연 그러한가. 김덕수패 사물놀이가 세계적이 된 것은 그 음악이 한국적이어서가 아니다. 오히려 사물놀이는 우리의 전통 음악이 아니다. 전통 악기인 북과 꽹과리, 장구, 징 등은 악기 중에서 가장 원시적 형태인 타악기에 속한다. 이 타악기의 리듬은 세계 어느 곳에서건 통하게 되어 있는 음악이다. 바로 보편적 음악이라는 것이다. 오히려 김덕수패 사물놀이의 신명이 세계인들에게 지극히 어필되는 것이지 한국 고유의 리듬이 어필하는 게 아닌 것이다.

정명훈이나 백남준이 세계 제일이 된 것은 그들이 하는 일이 세계적이고 보편적이어서 그렇지 그들이 소위 대한의 건아이기 때문이 아니다. 정말 가장 한국적인 것이 가장 세계적인 것이라면 한글이라든가 판소리 같은 가장 독창적인 것이 이미 세계적이 되어 있어야 한다. 그러나 나에게는, 이들이 세계적이 된다는 것이 가까운 세기에는 불가능해 보인다. 가장 한국적인 것이 세계적이다? 이것은 열등감일 뿐이며 편협한 국수주의자의 단견이다.

한국은 전 세계적으로 가장 많은 건축 현장이 있는 시장이라고 한다. 사실 우리 주변이 온통 공사장이라고 해도 과언이 아닐 정도로 시내 곳곳에 타워 크레인이 서 있고 우리는 이미 불도저의 굉음에 친숙해 있다. 이런 우리의 도시들은 건설 현장 찾기가 쉽지 않은 서구의 도시들과 확연히 비교된다.

세계에서 가장 빈번한 건축 행위가 일어나고 있는 우리의 이 땅이지만 한국의 건축 수준은 아직 주변국의 언저리에 머물러 있다. 심지어 우리의 도시에 대형 건축물을 설계하기 위해 치열한 로비를 벌이는 외국 건축가들에게도 우리의 건축 현장은 단지 비즈니스이고 돈 버는 현장이지, 새로운 건축이념을 세우는 무대가 아니라는 것이 심각한 현실이다. 우리의 건축주들이 그들에게 기회를 제공함에도 불구하고, 그들에게 한국의 건축은 문화가 아니라는 이유로 외면당하고 있는 것이다. 그들은 한국에는 건축이론이 없고, 한국에는 건축가가 없다며 우리의 건축 현실을 업신여기고 있다. 불쾌하지만 자조스러운 일이 아닐 수 없다.

이럴 때 생각나는 건축가가 소위 제3세계인 멕시코를 배경으로 세계 건축의 한 획을 그은 루이스 바라간(Luis Barragan)이다.

근대 이후의 건축가들 중에서 가장 메시지가 강한 건축가를 꼽으라고 했을 때 루이스 칸(Louis Kahn)을 앞에 두는 데 반대할 이는 그리 많지 않을 것이다. 루이스 칸이 만든 여러 건축 중에서도 소크 생물학연구소(Salk Biological Institute)에는 절대공간에 대한 그의 메시지가 가장 강렬하게 나타나 있다.

나 역시 그의 구도적 공간 창조에 흥미와 관심의 수준을 넘는 지식욕을 가지고 있던 터에, 4·3그룹과 같이 한 멕시코와 페루 - 아즈텍과 잉카 여행의 말미에 일행의 일정과 따로 잡은 소크 연구소의 답사는 나를 자못 긴장시켰다. 어쩌면 그 기행의 목적이기도 한, 고대문명 이후로 전개되어 온 건축적 맥락이 현대에 그대로 이어져온 증좌를 목격할 수도 있을 것이라는, 다소 비약된 선입견과 기대감을 가지고 있었을지도 모르겠다.

지난 1996년 2월 6일 월요일 이른 아침, 나는 로스앤젤레스에서 샌디에이고로 가는 기차에 몸을 싣고 있었다. 철길 너머의 풍경에 시선을 두고 있었으나, 머릿속은 그 전날 가본 루이스 칸의 킴벨 미술관(Kimbell Art Museum)에 대한 생각으로 가득차 있었다.

그 전해에 가본, 인도의 아마다바드(Ahmadābād)에 칸이 세웠던 — 지금은 그 후예들에 의해 계속 지어지고 있는 — 인도 경영대학의 건축 경험은 나에게 그리 유쾌한 것만은 아니었다. 나는 '루이스 칸 플라자'로 명명되어 있던 그 경영대학의 주 공간에서 기대했던 긴장감을 발견하기가 어려워지자 결국 그 공간의 방만함을 이유로 처음으로 칸을 의심하고 말았다.

또한 방글라데시의 다카(Dhaka)에 신전처럼 우뚝 선, 그의 최고 걸작이라고 다른 이들이 이야기하는, 그 지지리도 못사는 국민들을 위한 그의 국회의사당에서도 그 화려한 내부 공간의 수사에도 불구하고 나의 둔한 서정은 그리 쉽게 움직여지지 않았다. 옆의 동료 건축가들이 연신 감탄하는 것을 보며 나는 나의 완강함을 탓했을 뿐이다.

그가 말하는 침묵이란 과연 무엇인가. 그가 만든 그토록 화려한 공간 속에서 그의 소중한 침묵을 발견하지 못한 것이 과연 나의 무식과 오만 때문이었을까. 그리고 다시 1년 후, 나는 킴벨 미술관을 통해서도 또 다시 그의 메시지를 발견하는 데 실패하고 말았다. 그가 그의 건축을 일반화시켜 설명하는 데 빈번히 사용한 다이어그램 축 선의 끝에 붙어 있는 '침묵과 빛'의 어휘는 그의 건축을 이해하는 데 가장 중요한 키워드일 것이다. 그 다이어그램과 낱말들을 머릿속에 꽉 틀어박고 킴벨의 구석구석을 뒤졌으나 한낱 몇몇의 파편들을 통해 유추해내는 데 그치고 말았다. 그래도 아마다바드나 다카의 것에서보다는 수확이 있었다고 자위했던가.

그러나 소크 연구소는 그의 개념을 그대로 보여주는 전형적인 다이어

그램적 평면으로 되어 있었다. 마치 그 평면의 중심 축 끝에 침묵과 빛이 놓여져 있는 것 같았으며, 실제로 그 침묵과 빛도 거기에 있어야 했다.

이 건축은 오랜 시간을 두고 계획되었다. 1950년대에 칸이 완성한 펜실베니아 대학의 리처드 의학연구소(Richards Medical Research Building)를 보고 호감을 가진 조나스 소크(Jonas Salk) 박사가 1959년 그를 찾아오는 것으로부터 이 일은 시작된다. 그 당시 폴리오왁신이라는 약을 개발하여 유명해진 소크 박사는 샌디에이고의 라호야 지역에 연구소 건설을 위한 설계를 의뢰하면서 "피카소도 찾을 수 있는 그런 장소를 가진 연구소"를 만들어줄 것을 부탁하였고, 그의 이 말은 칸의 작가 의지를 대단히 고무시켰다.

칸은 부지의 규모 결정에서부터 관여하기 시작하여 수없이 많은 스케치와 에스키스를 만들고, 또한 소크 박사와의 토론을 통해 이를 수정하기도 하였다. 소크 박사가 아시시(Assissi)의 산 프란체스코(San Francesco) 수도원에서 받은 감동을 이야기하자 그는 수도원을 다시 방문하여 그곳의 평면에서 영향받기도 하였고, 티볼리(Tivoli)의 빌라 아드리아나(Villa Adriana) 궁전으로부터는 일부분을 인용하기도 하는 등, 1962년에 제출된 최종안은 초기의 안과 사뭇 다른 것이었다.

1965년, 이 건축의 특징을 결정짓게 된 특별한 변화가 일어난다. 연구동의 골조가 완성되어갈 그 즈음에도 칸은 중정의 디자인 — 그는 중정의 디자인에 나무를 가득 그려놓았다 — 을 결정하지 못하다가, 그해 뉴욕 근대미술관에서 열린 루이스 바라간의 전시회를 보고 그에게 이 중정의 디자인에 관해 자문해줄 것을 요청한다. 바라간은 1966년 초엽 이 연구소를 방문하고 연구동 사이의 진흙 마당을 보며 이렇게 얘기했다 한다. "나뭇잎 하나도, 식물 하나도, 꽃 하나라도, 심지어 먼지 하나라도 그 안에 두지 마시오. 절대적 무위 마당(Absolute Nothing-Plaza)은 그 두 건물들을 연결시킬 수 있을 것이오." 이 이야기를 들은 칸은 한참 동안 생각하다 이내 이렇게 대답한다. "그 표면은 하늘을 향한 파사드(façade: 건물의 주 출입구가 있는 정면 부분을 말하며, 건물 전체의 인상을 뜻하기도 한다)이며 마치 모든 것이 비워진 것처럼 그 둘을 융합시키겠군요."

이 두 사람의 이야기는 개인적 정원의 분위기를 원한 소크 박사에게 그리 탐탁한 제안은 아니어서, 그는 다양한 여러 요소가 있는 로렌스 핼프린(Lawrence Halprin)의 정원 디자인을 더욱 선호하였으나, 칸은 바라간의 개념을 그대로 실행에 옮겼다. 그리고 몇 년 후 칸은 그 비움의 마당에 대한 개념을 스스로 만들지 못한 데 대해 몹시도 안타까워했다 한다.

소크 연구소 건축에서 이 비워진 마당은 가장 본질적인 요소이다. 시각에 따라 변하는 태양에 의해서, 그 그림자의 농도와 깊이에 의해서, 계절에 따른 하늘 색깔의 변화에 의해서, 기후에 따른 바다와 하늘의 변화하는 표정에 의해서 비워진 마당은 수시로 다른 표정을 갖는다.

그리고 방문하는 이들의 주장과 관념에 의해서, 거주하는 이들의 삶의 모습에 의해서, 그들의 기쁨과 노여움·사랑·즐거움에 의해서, 공간은 채워지고 또 비워진다. 이 마당은 더불어 무한히 열려 있으며, 때로는 어두운 색으로 변한 하늘의 벽으로 닫힌다. 아마도 일몰 즈음이면 태평양의 수평선은 불타는 벽으로 나타날 터이고, 이 하루의 마지막 시간이야말로 칸이 줄곧 그려온 건축 다이어그램의 구체적 실현이며 그가 추구하는 'Chapter Zero'라는 개념 — 절대적이며 가장 본질적인 공간 — 에 가장 근접해 있

소크 연구소 배치도

시간대, 방향에 따라 다른 중정의 모습

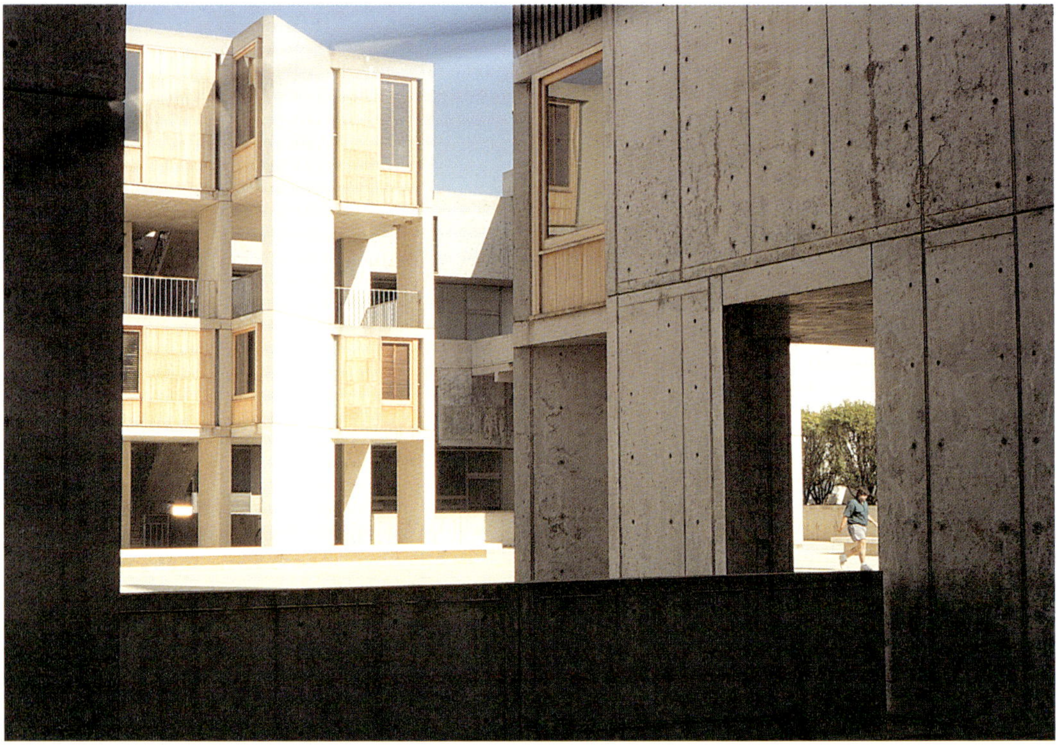

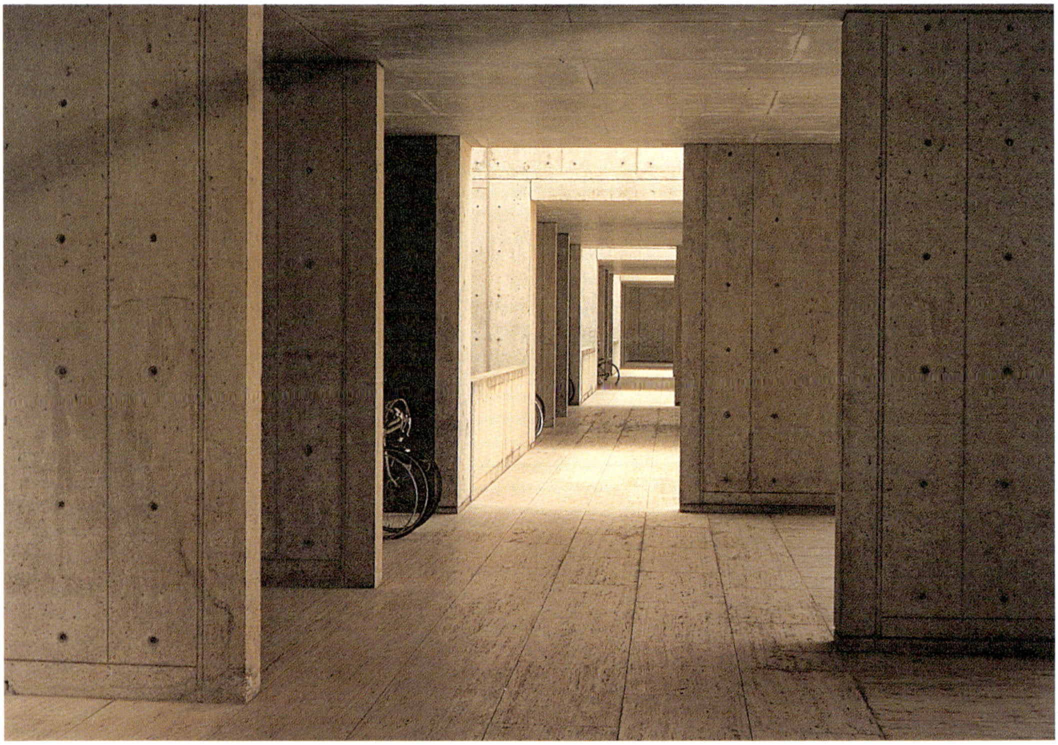

는 건축의 장엄미일 것이다. 태평양의 끝없는 깊이를 향해 뻗은 소크의 마당에 서서 나는 루이스 칸과 함께 바로 며칠 전에 마주쳤던 멕시코의 건축가 루이스 바라간을 더불어 생각하고 있었다.

멕시코의 자연은 장엄하다. 눈 덮인 산, 끝없이 이어지는 푸른 계곡, 황폐한 초원, 사막, 광대한 호수, 그리고 폭포들. 이런 자연이 큰 스케일로 혼재하며, 눈부신 햇빛이 맑은 공기 속에서 이들에 분명한 명암을 부여하여 격정적 경관을 이루어낸다. 그 속에서 삶터를 일구어낸 고대 멕시코인들의 건축은 스스로 엄격한 질서를 필요로 했다. 장엄한 자연에 대한 외경스러운 마음이었을 것이며, 내부로는 그 자연에 대한 최소한의 대응으로 자구적 입장을 취함도 있었으리라. 그러나 그들의 평화는 기독교 선교를 빌미로 한 스페인 제국주의자들에 의해 무참히도 짓밟히고 수탈당하며 멸망되는 슬픈 역사를 갖게 된다. 그러나 유럽인들이 점령하고 멸망시킨 것은 마야인들이지, 마야인들이 살았던 자연과 그 속에 깃든 영혼은 아니었다.

유럽인들의 수탈 속에 숨죽이고 있던 멕시코의 영혼은 300여 년 동안 잠재해 있으면서 알게 모르게 그들의 새로운 아이덴티티를 조성해갔다. 19세기에 이르러 멕시코인들은 다시 마야에 대한 강렬한 향수를 갖게 되며, 20세기의 사회적 혁명 운동을 통하여 현대 멕시코의 정체성에 대한 추구가 극도로 증폭되는 과정에 이르게 된다.

우리가 이미 우리의 자존심을 내팽개치고 어느 날 선뜻 우리 앞에 나타난 양키 군인에게 '기브 미 추잉껌'을 내뱉고 있을 때, 그리고 그 이후 밥 한술 더 먹으려고 혈안이 되어 우리의 초상을 변조시키고 부정하고 있을 때, 어느덧 천민 자본에 몸을 이리지리 다 팔아버리고 지조도 정절도 내팽

개처버리고 있었을 때, 그들은 그들의 원형을 찾아 서구의 껍데기들을 파헤치며 끊임없는 구도의 길을 걷고 있었다. 그들은 그들의 색채를 찾았고 그들의 질감을 찾았으며, 그들의 공간구법을 다시 살려내었다. 비단 건축에서뿐 아니라, 회화나 조각에서도 그들은 그들의 아이덴티티를 확신하기에 이르렀다.

그 중심에는 바라간이라는 금욕적·수도사적 삶을 산 숭고한 인물이 있었던 것이다.

루이스 바라간은 1902년 멕시코의 북쪽 과달라하라(Guadalajara)의 가축 목장을 하는 집안에서 태어나 과달라하라 대학 토목과를 졸업한 후 독학으로 건축 수업을 하여 결국 불세출의 건축가가 된 사람이다. 그는 20대에 유럽으로 건너가 스페인과 그리스의 마을을 여행하고 그 당시 유럽 건축계에 새로운 물결을 이룬 국제주의 건축과 모더니즘의 이념에 깊은 영향을 받고 고향으로 돌아온다. 몇 개의 주택과 조경 작업을 하던 중 30세가 되던 해 다시 유럽으로 건너가 르 코르뷔지에의 강연을 듣고 강렬한 인상을 받고는 건축에 대한 눈을 뜨게 된다. 이때 만난 조경 건축가 겸 작가인 페르디난드 바크(Ferdinand Bac)는 그와 오랫동안 교분을 나누며 영향을 주고받는 인물이 되었으며 그로부터 조경에 대한 혜안을 갖게 된다. 이후 그는 멕시코로 거주지를 옮겨 1988년 86세의 일기로 세상을 뜨기까지 멕시코를 대표하는 건축가로 활동하였다.

그는 멕시코의 전통을 이어받은 아름다운 현대 건축을 성취한 업적으로 1980년 건축의 노벨상이라 불리는 프리츠커 상(Pritzker Prize)을 수상한다. 당시 남긴 언설은 많은 사람들에게 그의 건축만큼 신선한 감동을 주었다.

"……신화와 모든 참된 종교적 체험 속의 비이성적인 논리가 모든 시대 모든 장소에서 예술적 행위의 원천이 된다. 아름다움을 빼앗긴 인간의 삶은 가치가 없다. 내가 그린 마당과 집에서는 침묵을 들을 수 있다. 고독과의 친밀한 관계 속에서만이 인간은 스스로를 발견한다. 고독은 좋은 반려이며 내 건축은 고독을 무서워하거나 피하는 이들에게는 맞지 않는다. 평정은 분노와 공포에 대항하는 위대하고 진정한 치유제이다. 그리고 더욱이 오늘날 그것은 건축가의 의무이다. 예술 작업은 그것이 침묵의 즐거움과 평정을 찾을 때 완성된다. 죽음에의 확실성이 행동의 원천이며 따라서 삶의 원천이다. 예술 속에 있는 절대의 종교적 요소에서 삶은 죽음을 이긴다.

내 건축은 자전적이다. 내가 성취한 모든 것에서 내 아버지의 농장과 내 어린 시절의 추억을 본다. 내 작업에서 나는 현대의 삶의 필요에 맞게끔 아득한 노스탤지어라는 마법을 부리도록 애써왔다. 건축가에게 '어떻게 볼 것인가'는 본질적인 것이다. 그 의미는 이성적 분석에 압도당하지 않도록 본다는 것이다. 천진함을 갖고 본다는 것이 중요하다.

노스탤지어는 우리 개인이 가진 과거에 대한 시적인 놀라움이다. 예술가 개인의 과거가 그의 창조적 잠재력의 원천이듯 건축가는 그가 가진 노스탤지어가 주는 계시에 주의를 기울여야 한다. 나는 이러한 미적 진실이 인간의 존엄성을 높이는 데 기여할 것이라는 믿음으로 건축을 한다."

다소 장황하게 그의 연설을 인용하였지만 이 명구들은 그의 건축을 가장 잘 표현하는 말이 되었을 뿐 아니라 물질로 혼탁해진 이 시대에 가장 설득력 있는 명제가 되었다. 그는 스페인 혈통이었지만 멕시코라는 땅에서 활동한 소위 제3세계의 건축가였다.

멕시코라는 나라가 어떤 나라인가.

16세기에 스페인으로부터 침략당하고 기독교 전교의 미명 아래 무자비한 살육과 수탈을 당하기 전까지 아즈텍과 마야의 찬란한 문화를 자랑하는 고유한 문화를 가졌던 나라 멕시코. 그러나 서구인들의 의식과 취향에 맞지 않는다고 하여 오랜 세월 동안 간직해온 그들의 생활과 가치를 졸지에 날려보내게 되면서 이 땅은 비극과 한탄의 역사로 들어서게 된다. 스페인의 식민지로 수백 년을 신음하여야 했고 근세에는 미국과의 전쟁으로 수탈을 겪었으며 이후 독재 세력의 압제와 정치적 변혁기를 보내야 했다. 아직도 선진국의 주변국으로 생존을 위해 안간힘을 쓰고 있는 나라이다. 이런 땅에서 나올 수 있는 문화의 형태는 과연 무엇일까.

멕시코 근세사의 비극을 목격하게 된 바라간에게 노스탤지어와 침묵 그리고 고독이란 단어가 그의 황폐한 땅 멕시코에서 발견한 키워드가 된 것이다. 그는 실제 생활에서도 과묵했으며 금욕적인 수도사와도 같은 삶을 산 건축가였다.

소크 연구소에 절대적 비움을 권고했듯 바라간의 건축 주제어는 절제와 침묵이며 그 속에는 비움의 아름다움이 충만해 있다.

멕시코시티 시내에 있는 바라간의 자택은 인근의 집들과 마찬가지로 외관상으로는 소박하기 그지없다. 단순한 직입면체에 무심해 보이기까지 한 개구부가 도로와 면한 꺼칠한 벽면의 유일한 장식이며, 이 때문에 이 주택은 강한 내부 지향성을 갖는다. 극도로 단순한 창들을 가신 큰 장으로 구분되는 중정과 거실과의 관계, 중2층으로 오르는 캔틸레버의 소나무 계단, 2층 높이의 거실 천장, 그들을 만드는 나무와 거친 회벽, 친밀한 디테일, 이

바라간 클럽에 있는 침묵의 공간

극도의 절제미를 갖는 바라간 주택

들을 결합시키는 조절된 빛, 몇 가지 단순한 가구와 미니멀 계통의 그림들……. 이 단순한 오브제들이 바라간의 영혼과 결합되어 나타나는 순간, 그곳은 이미 새로운 질서를 갖게 된다.

"바라간의 공간은 물체에 대한 확신, 필연적으로 충만해 있는 시정이며, 아름다움과 장엄한 질서에 의해 조명되어 있다."

이 집의 백미는 옥상 테라스이다. 2층으로 올라가서 옥상으로 나가면 멕시코시티의 파노라마 경치를 볼 수 있으리라고 여긴 방문자들을 맞이하는 것은 사방으로 높게 둘러싸인 하얀 벽이며 벽은 오로지 하늘을 향해 뚫려 있다. 이것은 적지 않은 충격이다. 스스로 독립된 벽체들은 오랜 세월의 흔적을 나타내면서 고요와 적막만이 내려앉은 공간을 위해 굳게 침묵한다.

왜 바라간은 이렇게 막힌 공간을 만들었을까. 그의 프리츠커 상 수상 연설에서처럼 그는 철저히 고독하기를 원하였으며 그 속에서 본질을 사유하고 자기 자신을 발견하고자 했던 것이다. 그렇게 결론지을 수밖에 없었다.

그의 유일한 종교 건축인 카푸친 파 수녀원 성당(Capuchinas Sacramentarias del Purismo Corazon de Maria)은 그의 맑은 영혼의 결정이다. 이 성당을 개수하면서 바라간은 지극히 소박한 질료와 장식이라고는 전혀 없는 절제된 벽체를 통해 절대적 묵상과 은총의 공간을 만든다. 마치 구원의 세계가 그러하듯 평온과 감사가 넘치는 종교적 장소이다.

하지만 그가 사용하는 색채는 때때로 아주 강렬하다. 처음에는 이해하기 어려웠던 이러한 색채는 멕시코의 전통 요리에서도 발견되는, 멕시코 특유의 색상이었다. 멕시코 평원에 내리쬐는 강렬한 햇살 그리고 한 점 구름 없는 깊푸른 하늘, 그 밑 황토의 구릉 위에 낮게 드리워진 기다란 하얀

벽 또는 때때로 육감적인 색상, 이러한 풍경이 바라간이 한평생 마음속에 품고 있던 노스탤지어인 것이다.

이 성당은 멕시코시티 틀랄판(Tlalpan)이라는 지역의 주택가에 자리잡고 있다. 바라간의 다른 집들이 그런 것처럼 — 어쩌면 멕시코의 모든 건축이 그런 것처럼 — 이 위대한 신념에 찬 성당은 주변 다른 집들의 풍경에 녹아들어 금방 발견해내기가 쉽지 않다. 그러나 다소 큰 듯한 나무로 된 문을 밀치고 들어가는 순간 범상치 않은 파티오(patio: 스페인식 주택 등의 중심부에서 하늘로 트인 안뜰)의 분위기가 문득 옷깃을 여미게 한다. 이상한 비례의 십자가가 있는 회벽과, 격자로 된 노란 색채의 벽, 작은 수조 위에 반짝이는 물, 그 위의 분홍색 꽃들이 하늘로 뚫려 있는 이 조그만 중정에서 서로를 독립시키면서 묘한 조화를 이뤄낸다. 몇 단을 올라 예배당의 문을 가만히 밀면 놀라운 공간이 숨을 멎추게 한다.

직방체의 크지 않은 공간에 지극히 절제된 선과 각과 재료로 감싸인 내부, 금빛 스테인드글라스를 통해 들어온 노란빛이 묵묵한 십자가를 휘감고 붉은 색조의 제단 벽에 부딪히면서 끝없는 고요와 적막 속에 묻혀버린다.

여기에는 라 투레트 수도원의 예배당에서처럼, 수학적 모듈도 없고, 예리한 감각도 없으며, 의도된 색채나 계획적이고 계산된 빛의 조절도 없다. 치수를 되뇔 필요도 없고, 크기를 확인할 수도 없다. 저 색채를 알 이유도 없고, 그 텍스처의 종류를 알 수도 없으며, 이 공간의 내외부를 구분할 수도 없다.

바라간은 이론적 체계를 거부한다. 심지어 그는 건축가는 태어나는 것

바라간 주택의 옥상 공간

이지 교육에 의해서 이루어지는 것이 아니라고까지 이야기한다. 개별 작품마다 개별적 존재 원리가 드러나야 한다고 믿으며, 이를 위해서 뛰어난 감성과 놀라운 직관을 필요로 한다. 그가 획득하려 하는 것은 몇 개의 선택된 요소 사이에 이뤄지는 강한 긴장감이다. 여기에서 그는 대단히 간결하고 원초적인 공간을 창조하며, 그 공간은 더 이상의 부가적 요소를 용납하지 않는다. 한마디로 그는 초월적이며 본질적이다.

1967년에 그가 설계한 멕시코시티 교외의 순수 혈통을 가진 경주용 말을 훈련하는 장소 및 그 소유주의 주택인 산 크리스토발 경마훈련장(San Cristóbal Stables)은 그러한 바라간의 건축 어휘의 정수들이 집합된 건축이다.

이 건축은 길가와 높지 않은 벽을 사이에 두고 있어 그 속에 뭔가 특별한 풍경이 있을 거라고 유추하게 만든다. 이 벽은 훈련하는 말들의 시각을 보호하기 위한 높이로 계획되어 있으며 그 내부는 말들을 훈련하는 부분과 주거의 부분으로 구분되어 있고 마당 한가운데 놓인 수영장이 집과 출입구를 연결한다. 몇 개의 마당들이 단순한 형태의 박스에 의해 둘러싸여 있고 채색된 벽들은 색채별로 다른 기능을 갖는다. 이를테면 말들을 위한 시설은 밝은 색조로 되어 있고 자주색은 마부와 기수들을 위한 색이며 핑크빛은 대문과 마당과 연습장의 경계로 사용되는 등 색채마다 제각각의 기능을 갖고 있다. 이러한 색채들은 서로 보완하고 때로는 대비됨으로써 형태와 기능을 구분하는 역할을 수행하며 이 건축의 일차적인 인상을 결정짓는다.

그러나 이 건축에서 정작 중요한 것은 집 전체에 흐르는 침묵의 시간이다. 특히 이중의 벽 속에서 솟는 분수는 말들을 위한 수영장으로 물을 공급하는 통로이면서 말의 영역과 집을 가르는 경계이지만, 그러한 기능을

카푸친 피 수녀원 성당의 제단 왼쪽   카푸친 파 수녀원 성당의 벽과 연못 오른쪽

뛰어넘어 이 건축이 필요로 하는 중요한 침묵을 공급하는 원천이 된다. 이렇게 공급된 침묵은 길고도 단순한 벽체와 그 벽체 속에 뚫려진 공허부들에 의해 한정되어 이 건축을 관조와 사유의 결정체로 만드는 것이다. 참 아름다운 고독의 정경을 여기서 볼 수 있게 된다.

중요한 것은 산 크리스토발 경마훈련장을 비롯하여 바라간의 건축 거의 모두가 세계 건축의 중요한 텍스트이며 경외의 대상이라는 것이다. 그는 세계 건축의 변방인 멕시코의 건축가이며, 세계 건축계가 격렬한 변화를 꾀하고 있을 때에도 그저 멕시코의 평원 위에서 로우 테크(Low Tech)의 건축을 만들고 있을 뿐이었다. 그럼에도 불구하고 세계가 그의 건축에 존경과 성원을 보낸 까닭은 무엇일까. 그것은 바로 그가 비록 특수한 장소에서 작업하였으나 그의 건축이 보편성을 획득하는 데 성공한 것을 의미한다. 즉 멕시코의 전통을 인류의 공통적 감동을 통하여 공명시킨 것이다.

"건축가는 지적 감수성을 통하여 보편적 세계를 보는 자이다." 이 말은 루이스 바라간을 적확하게 표현한 듯한 말이다. 그는 평생을 구도자처럼 살며 고독해 했으나 침묵과 절제 속에 건축의 본질을 구현함으로써 각종 사조며 이즘이 난무하던 세계의 건축계에 건축의 중심을 일깨웠다.

물질적 팽창으로 껍데기는 풍요하나 한없이 허탈한 알맹이를 가진 우리의 사회가 새로운 시대에 반드시 얻어야 할 교훈이, 이 루이스 바라간의 건축 속에 있다. 건축은 사유의 결과이지 물질의 소산이 결난코 아닌 것이다.

그에 대해 이렇게 이야기한 사람이 있다. "바라간은 그의 건축을 통하여 숨겨진 침묵의 음악을 수많은 사람들이 즐거워하도록, 우리 인간 정신

기무친 파 수녀원 성당 스케치

의 목표인 아름다움과 선함을 진실됨에 대한 경탄을 또한 즐거워하도록 하였다. 그가 크게 이야기하지 않아도 그의 메시지는 상징적으로 속세에 회자될 것이며, 이 세계는 그에게서 필요한 만큼의 안식과 피난처를 발견하게 될 것이다."

멕시코시티의 북부에 테오티우아칸(Teotihuacán)이라는 유적이 있다. 이곳에는 '죽은 자의 길(The Causeway of the Dead)'이라고 명명된 3km 길이의 길이 달의 피라미드를 향해 곧게 뻗어나 있다. '죽은 자의 길.' 스페인 군대에 의해 멸망당한 고대 멕시코인들이 그들의 삶의 상징으로 여겼던 이 끝없는 직선의 길을 걸으며 나는 무서운 고독에 빠져들었다. 바라간이 평생을 같이한 그의 고독이 죽은 자들이 걸어야 했던 이 길에서 느꼈던 절대적 감정과 그의 땅에서 비극적 운명을 마친 이들에 대한 끝없는 애도에서 비롯된 것은 아닐까.

 나아가 혹시 이 테오티우아칸의 '죽은 자의 길'에 대한 바라간의 기억이 소크 생물학연구소의 마당을 비우게 하여 태평양의 물속으로 한없이 뻗게 만들었던 것은 아닐까. 그래서 그 마당은 절대절명의 비움으로 우리를 투명하게 만드는 게 아닐까.

바라간은 다시 이렇게 이야기한다. "죽음의 확실성이 행동의 원동력이며, 사는 것의 원동력이기도 하다. 예술 작품은 조용한 기쁨과 정신의 평온을 전할 수 있을 때 비로소 완성된다."

테오티우아칸

Luis Barragan

루이스 바라간 1902-1988

멕시코 과달라하라(Guadalajara)에서 태어난 바라간은 1924년 공학학사 학위를 딴 후 유럽으로 건너가 장기간 여행하며 남부 스페인의 무어 (Moor)풍 건축, 지중해 주택, 페르디난드 바크(Ferdinand Bac)의 정원, 르 코르뷔지에(Le Corbusier)의 설계와 이론 등을 접하며 그만의 건축세계를 형성해나갔다. 초기에는 국제주의 양식의 건물을 지었지만 점차 유럽 여행을 통해 습득한 견문과 멕시코적인 합리주의를 바탕으로 설계 활동을 펼쳐나갔다. 특히 정원을 마술적인 공간으로 인식한 바크의 영향을 크게 받았는데, 이처럼 그의 설계는 건축보다는 회화나 조경으로부터 더 큰 영감을 얻었다. 두껍고 거친 벽, 작은 개구부, 물의 사용과 밝은 색의 도입을 통해 바라간은 멕시코의 지역색에 맞닿아 있고 자연과 조화를 이루며 정신적 평온함을 안겨주는 작품들을 창조해냈다.

• 카푸친 파 수녀원 성당 1층 평면 및 단면

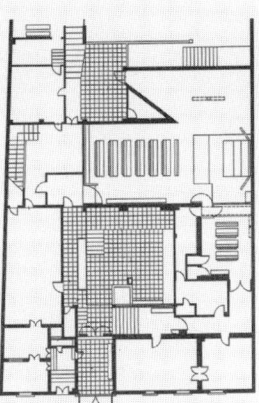

• 소크 연구소 중정 평면

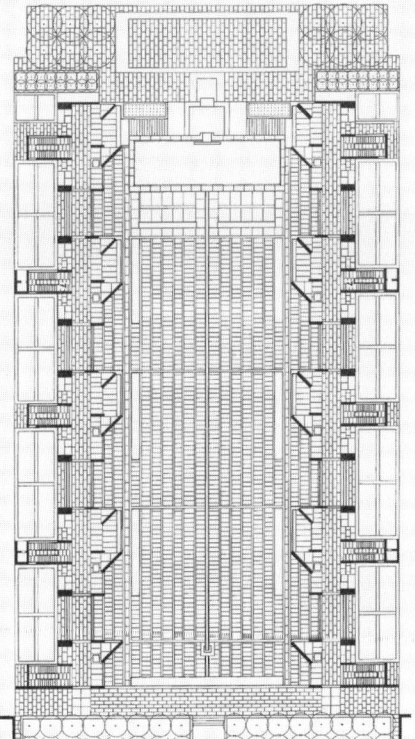

• 바라간 주택 1층 평면

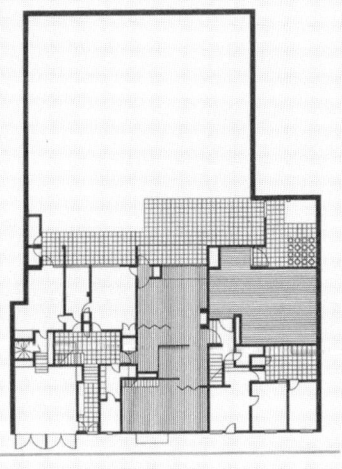

10

벵갈의 빛과 침묵

루 이 스   칸 과
방 글 라 데 시   국 회 의 사 당

방글라데시는 세계에서 경제적으로 가장 낙후된 나라 중의 하나라고 한다. 실제로 이 나라의 수도인 다카의 공항에 도착하면 구걸을 위해 몰려드는 많은 사람들이 상징하듯 도시 전체가 빈곤의 그림자에 싸여 있다. 길거리의 풍경도 서구의 문명에 잘 길들여진 눈에는 비위생적이요 불결하게 보인다. 물론 건물도 값싼 재료와 원시적 공법으로 만들어진 게 대부분이며 그것도 잔뜩 먼지를 뒤집어쓰고 있어 대단히 볼품없어 보일 수밖에 없다. 혹 60년대 초 서울 변두리의 풍경이 이랬을까.

그러나 이처럼 대단히 보잘것없는 건물들을 가만히 보노라면 그 가운데서도 범상치 않은 부분들을 언뜻 발견하게 된다. 즉 잘 짜여진 입면과 건실한 평면 구조, 벽돌의 정교한 디테일 등 결코 쉽지 않은 현대 건축의 정수 같은 부분들이 이들의 길거리 건축에 일상처럼 박혀 있는 것이다. 놀라운 일이 아닐 수 없다. 어떻게 해서 이 가난한 도시의 건축들이 이처럼 보석 같은 모더니즘의 어휘를 지니고 있는 것일까.

이 의문은 곧 풀렸다. 그것은 바로 루이스 칸이라는 불세출의 건축가가 이 도시에 던진 시어(詩語)와 영감에 찬 건축, 방글라데시 국회의사당 때문이었다. 인근의 나라에 비하면 찬란한 고대문명의 유적조차 많지 않은 이 도시에 갈 기회를 얻는다는 것은 쉬운 일이 아님에도 불구하고 하루에도 수많은 이들이 이 건축을 보기 위해, 그리고 건축의 본질성에 대한 확신을 갖기 위해 이 뜨거운 땅을 찾아오는 것이다.

루이스 칸. 그는 1901년 에스토니아에서 태어나서 4세 되던 해에 부모님을 따라 미국 필라델피아로 이민 간다. 유펜으로 불리는 펜실베니아 대학에서 폴 크레트(Paul Cret)라는 고진주의 건축에 정통한 선생 아래에서 보자르식

일몰 속의 방글라데시 국회의사당

건축을 공부하였으나 정작 그가 진정한 건축을 알게 된 것은 학교에서가 아니었다. 그가 학교에서 받은 교육은, 에콜 드 보자르식 건축 교육이란 장인정신에 입각하여 고전 건축의 비례나 테크놀로지, 디테일 등을 철저히 전수받는 방법이다. 따라서 루이스 칸이 그 당시 유럽 건축계를 진동시킨 새로운 시대의 새로운 가치였던 모더니즘의 건축에 접근하는 것은 용이한 일이 아니었다.

그러나 그는 1928년 고향을 방문하게 되면서 유럽의 건축 현장들을 보게 되었고 드디어 그가 배워 익숙해진 모든 텍스트를 떠나기로 결심한다. 고전 건축에 익숙하여 그것이 건축의 전부인 줄만 알았던 그에게 유럽의 모더니즘 현장은 대단히 충격적인 것이었다. 특히 르 코르뷔지에의 건축은 그에게는 "반역적 사건"이었다고까지 술회하였다.

물론 모더니즘 건축만이 그에게 새로운 안목을 던져준 것은 아니었다. 그는 이집트의 거대 기념물과 그리스의 신전, 로마의 욕장 특히 카라칼라 욕장의 폐허, 스코틀랜드의 성, 프랑스의 도시 마을, 고딕 성당, 르네상스 교회, 이탈리아 광장과 같은 역사적 건축으로부터도 통시대적으로 건축적 문제의 해결을 위한 본질적 단서를 제공하는 보편성을 발견하였고, 이에 대한 끊임없는 성찰을 통해 그의 건축을 완성해나갔다. 이는 동시대의 건축가들에 비한다면 비교적 늦은 깨달음이었으나 이후 투철한 사색을 통해 그의 건축은 끊임없이 성숙하게 된다. 그는 때때로 시어 같은 단어를 구사함으로써 건축을 설명한다. 어떤 경우는 읽기조차, 이해하기조차 어렵지만 그의 건축은 항상 원론적이고 본질적인 문제를 상기시키며 우리를 심오한 건축의 세계로 이끈다.

'침묵과 빛.' 이는 그의 건축을 가장 잘 나타내는 말이다. 비록 간결하긴 하지만 이 단어들로 그의 건축이 얼마나 사색적이며 영감에 차 있는가를 알 수 있다.

1962년 동과 서로 나뉘어 있던 파키스탄 정부는 동 파키스탄의 수도 다카에 새로운 국회의사당을 세우기로 결정하고 루이스 칸에게 이를 의뢰한다. 동 파키스탄은 민족 구성상 벵갈인이 다수를 차지하고 있어 결국 1971년 동서 분쟁 끝에 방글라데시로 독립하게 됨에 따라, 그 전부터 칸이 계획해 오던 행정 타운은 이 나라의 상징이 되고 만다.

루이스 칸은 당시 미국에서 존경받는 건축가임에는 틀림없었지만, 사업적으로는 실패한 인물에 가까웠다. 설계 기한을 어기기 일쑤이고 알지 못할 소리만 해대는 그를 좋아할 건축주나 개발업자들은 거의 없었다. 그러한 그에게 이 어마어마한 프로젝트는 기다리고 기다리던 환상이었음에 틀림없다.

다소 신비스러워 보이는 그의 건축철학에 미루어 보더라도 그는 동양의 철학에 친근감을 가지고 있었을 것으로 보인다. 그는 1950년대부터 19세기 벵갈의 르네상스를 만들었다고 칭해지는 시성 타고르를 위한 협회의 회원이었으며, 예술은 휴머니티여야 한다는 타고르의 말을 빌어서 자신의 건축을 설명하기도 하였다. 그는 이 벵갈의 문화를 어떻게 이해했을까. 그러나 1963년 처음으로 현장을 방문하면서, 다카의 델타에서 쌀을 경작하는 문화권에 대해 깊은 인상을 받은 것은 분명하다. 수평의 땅과 그 위를 덮는 물, 벼를 비롯한 물과 친근한 식생 그리고 긴흙의 도앙에서 벵갈인들이 갖는 생활과 종교를 목격하고 이를 건축적으로 표현하기 위해 몰두했을 것이다.

국회의사당 전경 위 국회의사당 본관 부분 아래

그는 일찍이 건축에 있어 '모이는 기능'에 대해 중시하였다. 즉 같이 모여 서로를 확인하고 서로를 나누는 공동성이 건축에서 갖는 의미에 대해 많은 생각을 했던 그와, 모여야 하는 요구가 뜨거운 벵갈인들이 만난 것은 서로에게 행운이었다. 특히 루이스 칸은 국회의사당의 중요한 기능인 '법을 만드는 작업'을 종교적 의식으로 여겼으며 이는 모든 일상이 종교와 밀접한 관련이 있는 벵갈인들의 의식 혹은 전통적인 인도 미학의 관점에서 절대적으로 환영받는 개념이었음이 분명하다.

이 건축이 놓인 위치는 다카의 구도시의 북쪽으로 세 레 방글라나가르(Sher-e-Banglanagar)라는 이름으로 불리는 농경지였으며, 행정 타운을 위한 전체의 부지는 백만 평이 넘는 평원이었다. 국회의사당을 중심으로 주변에 국회 관련 시설들을 두고 북쪽으로 신도시의 여러 시설을 둔 마스터플랜은 루이스 칸이 오래 전부터 그리던 이상도시에 대한 그림이었다. 물론 이 가운데 가장 중심이 된 시설은 국회의사당이다.

국회의사당은 주변의 수위를 조절하기 위해서도 필요한 호수를 파서 그 흙으로 약간의 둔덕을 만든 뒤 그 위에 세웠다. 지난날 무갈 제국의 영화를 연상시켰던 것일까. 남쪽의 광장에서 보면 회색의 콘크리트로 만든 원통과 육면체들이 서로 모여 성채처럼 우뚝 솟아 벵갈인들의 자부심을 부추긴다. 삼각형과 사각형, 그리고 원형의 개구부가 회색 면의 콘크리트 속에 파여 짙은 음영을 드리우고 이 사이로 내밀한 내부의 풍경을 암시한다. 가까이 가면 주변 수면에 투영된 또 하나의 의사당은 이들의 전생인 듯 바람결에 어른거리며 더욱 신비한 풍경을 만들고, 짙푸른 나무와 눈부시도록 파란 하늘이 이들의 탄탄한 배경이 된다. 루이스 칸이 여기에 만들고자 했

호수 수변에 투영되는 국회의사당 본관

던 것은 건축이 아니라 풍경이었다고 한다. 소위 벵갈의 랜드스케이프(landscape), 즉 평원에서 그는 집합의 건축을 세워 대비시키고자 하였다. 집합의 건축, 이는 루이스 칸 건축의 중요한 원칙이 된다.

정작 우리를 황홀케 하는 것은 이 건축의 내부에서 경험할 수 있는 공간과 빛인데, 그 '집합의 건축'에 대한 원칙도 내부로 들어가면 더욱 분명해진다. 내부는 국회의사당 중앙 홀을 중심으로 회랑이 돌고 그 회랑의 주위에 사무국이나 회의실, 식당, 라운지 그리고 기도실 등이 둘러져 있는 구조이다. 소위 만다라적 구성이 주변과 긴밀한 연관을 지니며 확립되어 있다. 그가 말한 대로 '이런 방들의 집합이 사회'라는 것을 증명하듯 다른 성격의 시설들이 집합하여 하나의 도시를 이루고 있는 것이다. 그렇다. 그는 이 건축을 단순한 하나의 건축으로 보지 않고 하나의 작은 도시로 해석하였다. 따라서 회랑은 단순한 통로가 아니라 '길'이다. 이 도시의 '중심 도로'인 회랑에는 이들 시설들을 연결하기 위한 '작은 길'인 다리나 계단, 경사로 등이 종횡으로 연결되어 있는데 그 위에 뚫린 천창과 원형의 개구부를 통해 들어오는 빛의 조화가 우리를 신비의 세계로 초대한다. 우리는 석탑의 주위를 돌듯 명상하며 그 길을 걷는다. 빛은 때로는 벽에 부딪힌 물처럼 떨어져 내려오기도 하고 때로는 폭포처럼 느닷없이 벽을 뚫고 들어오기도 한다. 밝기도 하고 어둡기도 하며 환하기도 하고 은밀하기도 한 이 빛들은 마치 교향곡을 연주하듯 그 전개가 아름답기 그지없다. 아, 그가 말한 '침묵과 빛.'

중심부에 놓인 의사당 중앙 홀로 들어가면 그가 이룩하려 했던 이상세계를 목격하게 된다. 의사당은 서로가 서로를 보고 있어 아마 때때로 발생할 벵갈인들의 갈등까지 그들에게는 공동의 목표를 같이하는 것임을 확인

국회의사당과 호수 위 왼쪽 동쪽의 국회의원 숙소 위 오른쪽 국회의사당 쪽에서 바라본 동쪽의 국회의원 숙소 아래

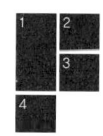

1. 절제된 빛이 흘러드는 국회의사당 내부
2·3. 국회의사당 내부의 천장
4. 국회의사당 프레이어 홀의 창

시킬 것이다. 천장을 덮은 파라볼릭(parabolic) 지붕 사이를 뚫고 내려오는 빛은 그들이 믿는 신의 축복이며 아름다운 약속이 아닐까.

루이스 칸이 벵갈인들의 기억과 욕망, 고통과 환희, 그리고 그들의 찌들은 빈곤까지 얼마나 이해하고 있었을지는 알 수 없다. 그리고 이 건축이 이 지역의 정쟁적 성격에서 비롯된 선전적인 것이라는 비난에 귀를 기울일 수도 있다. 그러나 어떤 비난이 있든 칸이 만든 이 건축은 그의 인간에 대한 따뜻한 애정과 존경에서 비롯된 것임에 틀림없다. 더구나 평생 건축의 본질을 구현하기 위해 예언자적 삶을 살았던 그가 다카의 평원을 사랑하게 된 후에 세운 이 건축은 우리에게 보여준 또 다른 그의 이상세계이며 세월이 지난 지금은 다카인들의 이상세계이기도 한 것이다. 적어도 그들은 그렇게 자부하고 있었다.

이미 미국 땅에 소크 생물학연구소를 비롯한 불멸의 건축을 세워 현대 건축에서 지울 수 없는 업적을 남긴 루이스 칸은 느리게 진행될 수밖에 없었던 이 방글라데시 건축의 현장을 방문하고 돌아오던 어느 날, 뉴욕의 펜실베니아 기차역에서 심장마비로 숨을 거둔다. 행려병자의 죽음으로 취급된 그 사체가 루이스 칸이라는 것이 알려진 것은 그로부터 사흘이 지난 뒤였으며 그때 그의 나이 74세였다.

'우리 시대의 보석'인 이 건축은 그가 숨을 거둔 지 9년이 지난 후인 1983년에야 비로소 완성되었다. 그러나 이 건축은 앞으로 수없이 많은 세월 동안 벵갈의 평원 위에 버티고 서서, 벵갈인들에게 벵갈의 빛과 침묵으로 루이스 칸과 함께 기록되고 기억될 것이다.

Louis Isidore Kahn

루이스 칸 1901–1974
에스토니아 출생의 미국인 건축가로, 펜실베니아 대학에서 보자르 전통의 건축 교육을 받았으나 곧 유럽에서 성행 중인 근대 건축을 적극 받아들이고 미국 내 근대 건축의 전파와 성장에 기여했다. 조지 하우(George Howe) 등과 협업하여 펜실베니아 코츠빌(Coatesville)의 카버 코트 주거단지(Carver Court Housing, 1941~1944) 등 근대 양식의 주거단지들을 설계했고 예일 대학, MIT, 펜실베니아 대학 등에서 학생들을 가르치며 예일 대학 미술관 증축(Yale University Art Gallery, 1951~1953), 펜실베니아 대학 리처드 의학연구소(Alfred Newton Richards Medical Research Building, 1957~1961) 등 근대적 기념비성이 추구된 건물들을 실현하였다. 또한 밀 크릭(Mil Creek) 주거단지 재개발을 비롯해 필라델피아의 도시 재개발 계획안을 제안했으며, 이 아이디어들은 아방가르드 건축가들에게도 영향을 미쳤다. 캘리포니아 소크 생물학연구소(Jonas Salk Institute, 1959~1965)는 설비와 구조적 해결법이 형태 및 공간 계획과 독창적으로 결합된 예로, 포트 워스의 킴벨 미술관(Kimbell Art Museum, Fort Worth, 1962~1967), 뉴햄프셔의 엑세터 도서관(Exeter Library, New Hampshire, 1967~1972)과 함께 칸의 대표작으로 칭송받아 왔다. 파키스탄, 인도, 이스라엘, 이란, 이탈리아 등 미국 밖에서도 국제적인 작품 활동을 전개했으며, 특히 방글라데시 국회의사당은 칸 건축의 특징인 단순한 기하학적 구성, 극적 자연광의 도입, 콘크리트와 벽돌 등 건설 재료의 진솔한 사용으로 정적이고 관조적인 공간을 창출하고 있으며, 진정성을 담은 건축적 표현으로 손꼽힌다.

• 방글라데시 국회의사당 평면 및 단면

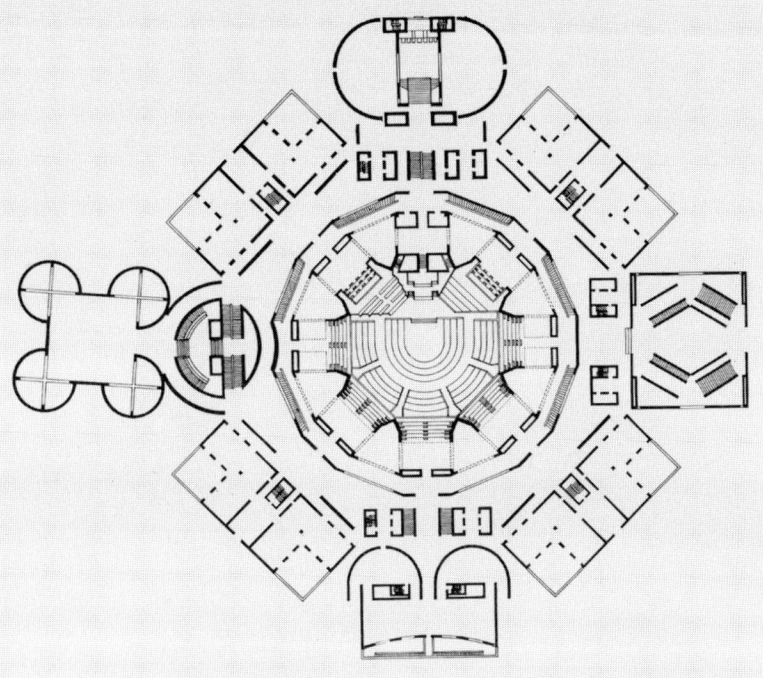

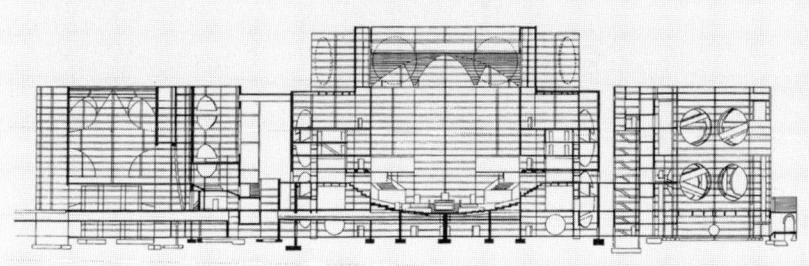

'큰 기술'이 만든 '반(反)건축'
파리 퐁피두 센터의 시대적 성취

성서의 창세기에 천지를 만든 조물주의 영어 표기는 'The Architect'라 되어 있다. 일반명사인 '건축가'에 정관사를 붙이면 '창조주'가 되는 것이다. 건축(architecture)이라는 말도 라틴어 어원을 따져보면 '커다란' 혹은 '으뜸'이라는 뜻의 'arch'와 '기술' 혹은 '학문'을 일컫는 'tect'라는 말의 합성어여서 이를 직역하면 건축은 '큰 기술' 또는 '으뜸의 학문'이라는 말이 된다.

흔히들 건축을 설명하면서 예술과 기술의 결합이라고 말하는 경우를 본다. 이를 삐딱하게 듣자 하면, 건축이라는 것은 원래 있지 않았던 분야인데 예술의 일부와 기술의 일부 요소가 합쳐지면서 부수적으로 생겨난 것 같은 느낌이 들어서 나는 이런 얘기를 들을 때마다 적지 아니 언짢다. 당연히 건축은 인류의 존재와 더불어 맨 처음에 생겨난 것이며 우리의 삶이 진보하면서 기술이 생기고 예술이 싹튼 것이다.

근본적으로 건축과 예술, 혹은 건축과 기술은 구분될 수밖에 없다. 다만 건축을 예술적 관점에서 본다는 것이 단지 외관이 예쁘고 밉고의 문제가 아니라, 그 건축을 이룬 창작 의지적 관점에서 볼 때 엄청난 예술이라는 것이다. 그 속에 사는 사람의 삶을 조직하는 일이 건축이기 때문에 그러하다. 기술도 마찬가지이다. 건물을 만들고 세우는 단순한 기능이 아니라 우리의 문명을 지탱하는 진보의 차원에서 건축을 본다면 건축은 또한 엄청난 기술이다. 우리의 삶의 형식을 바꾸는 그런 큰 기술인 것이다.

이런 관점에 비추어 건축을 볼 때, 건축의 역사에서 우리 인류의 삶을 풍요롭게 만든 가장 큰 사건은 무엇이었을까. 내가 아는 한, 첫번째 대사건은 재료적 관점에서 이루어졌다. 바로 로마인들의 콘크리트 발명이다. 콘크리트

광장에서 바라본 퐁피두 센터

는 오늘날에도 건축의 주재료로 쓰일 만큼 필수적인 재료인데 이 재료를 이미 2,000년 전 로마인들이 만들었다는 것을 아는 이는 그리 많지 않다.

로마시대 이전에는 건축의 재료로 대부분 돌이나 나무 등의 자연 소재를 그대로 가공하여 쓰거나 흙을 햇볕에 말리거나 구워서 쓰는 경우가 대부분이었다. 자연 원료를 다소 손질하여 쓰는 일차적 가공품일 뿐이었다. 그러나 콘크리트는 두 가지 이상의 자연 재료를 채취하여 가공하고 이를 물과 혼합하여 화학반응을 일으킨 후 적정의 강도를 얻어 사용하는 '제품'이라는 사실이 그런 원시적 형태의 재료와는 근본적으로 다르다.

이 재료는 반죽 상태인 콘크리트를 부어서 넣을 형틀만 있으면 재료의 사용이 장소에 구애되지 않으며 크기나 모양도 무한정이다. 이는 중요한 문제인데, 재료의 의지가 중요한 것이 아니라 작가의 의지가 더욱 중요하다는 것이다. 따라서 작가적 개성을 표현하고자 하는 많은 건축가들이 이 재료를 선호하게 된다. 이보다 더 광범위하게 쓰이는 건축 재료는 아직 이 세상에 없다.

내가 생각하는 두번째의 대사건은 중세 고딕 양식의 완성이다. 고딕 양식이라는 것은 무엇인가. 하늘을 찌를 듯 치솟은 첨탑이나 우아한 아치, 벽을 떠받치고 있는 플라잉 버트레스들, 힘 있는 부축벽 그리고 장미의 창이라 불리는 스테인드글라스의 황홀한 빛 등이 고딕 양식을 이루는 요소들이다. 이런 화려한 양식을 이룰 수 있게 한 것은 무엇보다도 플라잉 버트레스라는 구조적 요소를 만든 구조 형식의 완성이다.

건축은 중력과의 싸움이라고 말할 수 있다. 내부의 공간을 만들기 위해서 벽을 쌓고 지붕을 올리는 일은 다름 아닌 중력에 대한 지항인 것이다.

육중한 무게의 지붕은 벽체에 의해 지지되었으며, 벽을 뚫게 되면 그만큼 하중을 견뎌야 하는 벽체를 취약하게 만들 것이 뻔하므로 대단히 삼가야 하는 일이었다. 따라서 건축 기술이 모자랐던 고대의 건축일수록 벽은 두터우며 창문을 만들기 어려워 내부는 어두울 수밖에 없는 그런 암울한 공간이 되어버린다. 크고 높은 내부 공간을 만드는 일은 언감생심일 수밖에 없었다.

그러나 끝이 없는 탐구욕은 인류 발전의 원동력이기도 하다. 이 탐구욕이 마침내 고딕의 형식을 만들어내고 만다. 고딕에서 완성된 볼트형의 지붕은 몇 개의 기둥에 의해서만 지지되므로 지붕의 중력을 부담하지 않아도 되었다. 또한 이 기둥은 플라잉 거더에 의해 예전에는 상상할 수 없는 높이까지 올라갈 수 있게 되었고 중력에서 자유로워진 벽은 단순히 내부와 외부를 가르는 기능만 담당하면 되었으니 자연스레 큰 창문이 생겨나고 빛은 자유로이 내부로 흘러 오히려 밝은 빛을 조절할 필요가 생겼다. 바로 건축이 중력에서 해방된 것이다. 이는 그야말로 대사건이었다. 내가 고딕 건축을 하이 테크놀로지라고 부르는 이유가 여기에 있다.

이 이후로도 건축에서 기술의 진보는 끊임없이 진행되었다. 특히 산업혁명의 결과로 철과 유리의 대량생산이 이루어지고 전기, 전화, 엘리베이터의 생산이 증가되면서 100층이 넘는 고층건물의 축조가 가능해졌다. 이로 인해 우리의 삶은 더욱 투명해지고 수직으로 적층되어 사는 우리의 도시는 더욱 다이내믹한 풍경을 이루게 된다.

그러나 이 모든 것을 뛰어넘는 또 하나의 대사건이 이루어지면서 현대 건축의 새로운 기술의 시대가 열린다. 바로 퐁피두 센터(Centre Georges

Pompidou)의 출현이다.

1977년 고색창연한 파리 중심부에 이 건축이 세워졌을 때, 아니 그 훨씬 전인 1971년 이 건축의 설계안이 국제 설계경기의 당선작으로 결정되어 세상에 그 모습을 드러냈을 때 이 건축은 열렬한 지지와 극렬한 비난을 동시에 부르며 가장 뜨거운 논쟁의 대상으로 떠오르게 된다.

1960년대 후반 세계대전의 참상 위에 유럽은 다시 경제 재건의 확신을 갖게 되면서 파괴된 도시를 복구하고, 그후 각국은 국가적 번영을 선전하기 위해 문화에 눈을 돌려 문화 시설을 경쟁적으로 건립하기에 이른다. 이미 1950년대 런던에는 사우스 뱅크에 로열 페스티발 홀을 위시한 복합적 문화 지대가 들어섰고 1960년대에는 적국이었던 독일의 베를린에까지 한스 샤로운과 루드비히 미스 반 데어 로에가 설계한 보석 같은 음악당과 미술관이 건립되고 있었다.

문화에 관한 한 최선진국이라는 자존심을 가진 프랑스인들이다. 그들이 다른 문화 경쟁국들을 뛰어넘는 문화 시설을 갖고자 했음은 불문가지였으며 이 건축의 건립은 대단한 관심을 불러일으키는 일이었다. 그러나 모든 프랑스 국민의 관심 속에 드디어 나타난 이 건축은 그들이 그리던 건축이 아니었다. 1889년, 에펠탑이 세워질 당시 이를 둘러싼 진보주의자와 보수주의자 간의 격렬한 논쟁을 경험하지 않았던들 이 건축이 파리 도심 한복판에 서는 것은 어쩌면 불가능했을지도 모르는 일이었다.

상상을 뛰어넘은 건축, 그러했다. 이 건축은 우리가 종래 생각하던 건축에 대한 약속과 믿음을 전부 파기하는 '반(反)건축'이었다.

우선 당연히 내부에 있어야 할 각종 설비 덕트(duct: 건축물에서 공기나 기타 유체가 흐르도록 만들어놓은 통로 및 구조물)나 배관들이 모두 밖으로 튀어나와 있다. 물론 기둥들도 전부 밖에 있고 심지어 에스컬레이터까지 외부로 노출되어 있다. 인체에 비유하자면 내부의 장기들이 모두 몸 밖으로 나와 있는 것이다. 건축의 내부를 조직하고 마지막으로 이들을 감싸는 건물의 외관이 있어야 한다는 수천 년을 내려온 고전적인 건축개념이 여기에서는 사라진 것이다.

뿐만 아니었다. 경제적 혹은 실리적 이유로 실제로 시공되지 않았지만 내부의 층을 이루는 슬래브도 고정된 것이 아니라 상하로 움직여서 층고를 다변화시켜 층에 대한 개념을 없애는 것이 최초의 안이었다. 이것이 진정 건축인가.

도서관과 전시장 그리고 공연장이라는 복합 문화 시설을 수용하게 되어 있던 이 건축을 위해 설계경기에서 내건 프로그램은 융통성(flexibility), 가변성에 대한 주제였다. 설계경기 당시 38세였던 리처드 로저스(Richard Rogers)라는 영국인과 34세의 이탈리아 출신 렌조 피아노(Renzo Piano)는 런던에서 고작 다락방을 개수한 적이 있는 무명의 건축가였다. 이 젊은 건축가들은 주최측이 요구한 '융통성'에 주목한다.

그들은 길이 170m, 폭 48m의 직사각형 평면을 기본형으로 하고 한 변에 13개의 철골 기둥을 두어 이를 지지하게 한 뒤 내부 기둥을 전부 없애는 대담한 구조를 택한다. 내부를 완전히 비우기 위하여 실내환경 조절에 필요한 모든 설비장치들을 외부로 내몰았으며 통로조차 외부에 두어 주최측이 내건 가변적 건축을 완벽하게 구체화시킨 것이다. 이 해결책에는 고도의 정밀한 엔지니어링이 필요하였고 오브 애럽(Ove Arup)이라는 걸출한 엔

광장 반대편의 퐁피두 센터 입면[윗면] 광장에서 바라본 퐁피두 센터[뒷면]

지니어가 파트너로 참여하여 이 건축의 기술적 문제를 모두 해결하였다.

49개국에서 몰려든 681개의 응모안 대부분이 파리의 전통과 문화 시설의 교과서적 모습을 변용하고 적당히 조합하는 데 열중하고 있을 때 이 건축은 전혀 다른 세계의 건축을 그리고 있었던 것이다.

지금은 세계적 거장이 되어 세계 곳곳에 화제를 몰고 다니는 건축을 만들어내고 있는 리처드 로저스와 렌조 피아노는 이 설계경기의 당선 통보를 받았을 때 그게 무엇을 의미하는지 모를 정도로 자신들의 제안이 실험적이라고 여겼음직하다. 이 설계경기의 심사위원은 필립 존슨(Philip Johnson)이나 오스카 니마이어(Oscar Niemeyer), 장 프루베(Jean Prouvé) 등과 같은 당대 최고의 명성을 구가하던 대건축가들이었다. 그들의 심사평은 "이 건축은 우리 시대의 삶을 윤택하게 해줄 걸작"이라는 것이었다. 물론이다. 이 건축으로 말미암아 바야흐로 현대 건축은 '하이 테크놀로지'의 시대를 열게 된다.

구조 방식도 유니크하며 설비도 최첨단이고 모양도 특이하다. 그러나 그것 때문에 하이 테크놀로지라는 말을 쓴 것은 결코 아니다. 우리가 가졌던 종래의 건축개념을 뒤집어 우리가 믿었던 신념들을 다시 반추하게 만들었으며 동시에 우리 시대 삶의 방식을 새롭게 제시하였기 때문이다.

그야말로 이 건축은 새로운 건축이다. 그러나 이런 모든 평가에도 불구하고 내가 생각하는 이 건축이 거둔 빛나는 성취는 이 건축의 구조체 자체에 있지 않다.

이 건축은 땅의 서쪽편의 반을 경사진 광장으로 비웠다. 그리고 딱히

퐁피두 센터 야경(위) 퐁피두 센터 조감 사진(아래)

용도가 정해져 있지도 않다. 바로 도시의 비움(Urban Void)을 고밀도의 도시 한가운데 생성한 것이다. 어떤 일이 이곳에서 일어날지 아무도 예측할 수 없었으며 따라서 아무도 그 가치를 평가할 수 없었다. 그러나 이 경사진 광장은 이 건축 내부에 걸릴 수 없는 작가들이 그림을 내거는 장소가 되었으며 내부 공연장을 사용하기에는 품위가 더없이 떨어지는 광대들이 마구 끼를 발산하는 장소가 되었고, 파리의 시민들과 이방인들이 서로 격의 없이 어울리는 장소가 되었다. 경사진 안쪽에 솟은 이 건축의 외벽은 이 장소를 위한 무대 뒷벽이 되었고 이 무대 뒷벽을 오르는 이들이 만드는 풍경은 전통에 찌든 파리의 도시 풍경에 새로운 시대, 새로운 문화, 새로운 삶에 대한 증거가 되었다.

　밑건대 야망에 찬 젊은 건축가 로저스와 피아노가 이 장소의 중요성에 대해 간과했다면 이토록 대담한 도시의 비움을 만들 수 없었으리라. 이들이 만든 빈 광장은 모든 응모안 중 유일한 제안이었다고 한다. 건축사가 레이너 밴험은 이 건축을 두고 "70년대가 만든 유일한 대중적 기념비"라는 말로 이 건축이 보여준 시대적 상징성을 강조한다.

　그가 말한 기념비가 건물에 있을까. 아니다. 이 건축이 만든 기념비는 경사져 누운 광장과 이를 지지하는 벽에 있다. 바로 이들이 만든 '장소'에 있다. 그렇게 믿는다.

이 건축이 현대 건축에 남긴 중요한 화두는 하이 테크놀로지이다. 그러나 우리가 주목해야 하는 것은 그 자체가 아니라 그 속에 담긴 정신이다. 하이 테크놀로지 자체는 건축이 아니다. 그것은 단순한 기술이며 그 하이 테크놀로지를 만든 정신이 건축인 동시에 '큰 기술'이다. 바로 오랜 건축 속에

1. 퐁피두 센터 입구부
2. 퐁피두 센터 광장의 이벤트
3. 퐁피두 센터 내부의 기둥 없는 공간

사로잡혀 있던 우리의 고루한 인습을 비난한 큰 기술이었다.

그 큰 기술은 우리의 삶이 매너리즘에 빠져 새로운 가치를 만들지 못할 때 그리고 자칫 퇴행적 삶으로 빠져들기 시작할 때 이를 극복하기 위해 우리의 존재 의미를 근본적으로 성찰하게 하는 '반(反)건축'이었던 것이다.

퐁피두 센터 앞 광장

Renzo Piano

Richard Rogers

렌조 피아노 1937-
피렌체와 밀라노에서 건축을 공부한 피아노는 1965년에서 1968년까지 밀라노 과학기술학교에서 강의를 했으며, 이 기간 중 아버지가 운영하는 시공회사에서 플라스틱 외피 등 새로운 재료와 공법을 실험했다. 런던의 AA스쿨(Architectural Association School)에서 학생들을 지도하던 중 리처드 로저스를 만나 파트너쉽을 결성하여 퐁피두 국립 예술 및 문화센터(Centre National d'Art et de Culture Georges Pompidou, 1971~1977) 국제 설계경기에 당선되었다. 피아노가 1973년 노베드라테(Novedrate)에 설계한 B&B 이탈리아 사옥은 구조체 속에 내부 공간이 매달려 있고 다양한 색채의 서비스 파이프들이 외부로 나와 있어 퐁피두 센터의 전신으로 꼽히기도 한다. 1977년 로저스와 헤어진 후 엔지니어 피터 라이스(Peter Rice)와 공동으로 작업했으며, 1981년 이후 렌조 피아노 빌딩 워크숍(Renzo Piano Building Workshop)을 설립하여 제노아, 파리, 오사카에 사무실을 두고 활동하고 있다. 텍사스 휴스턴의 메닐 컬렉션 미술관(Menil Collection Museum, 1981~1986), 파리 IRCAM 증축부(1988~1989) 등을 설계했으며, 최근 작품으로 오사카 간사이 공항(Kansai International Airport Terminal, 1988~1994), 베를린 포츠담 광장 재개발(Potsdamerplatz Reconstruction, 1992~2000) 등이 있다.

리처드 로저스 1933-
런던 AA스쿨과 예일 대학에서 건축을 전공한 로저스는 1963년 부인 수(Su), 노먼과 웬디 포스터(Norman and Wendy Foster)와 함께 팀 4(Team 4)를 결성하여 윌트셔 스윈든(Swindon)의 릴라이언스 컨트롤 공장(Reliance Control Factory, 1967) 등 작품을 남겼다. 1969년 이후에는 예일, MIT, 프린스턴 대학 등 다양한 교육 현장에서 강의했으며, 이때 만난 렌조 피아노와 함께 실험적인 작품들을 설계하였으나 실현되지는 못했다. 가변성 있는 공간을 얻기 위해 구조체와 설비를 건물 밖으로 빼낸 혁신적인 디자인으로 1971년 퐁피두 국립 예술 및 문화센터 국제 설계경기에 당선되면서 로저스와 피아노는 함께 파리에 사무실을 열었다. 고전적인 설계에 반발하여 최신 기술과 관련 미학을 적용한 건축을 추구하지만, 기술은 결코 목적이 아니라 시대의 사회적·환경적 문제들을 해결하기 위한 수단이라는 입장을 견지하고 있다. 피아노와의 협업 관계가 깨진 후 로저스는 런던으로 사무실을 옮겨 로이즈 빌딩(Lloyds Building, 1979~1986) 등 하이 테크 계열의 작품들을 다수 남겼다.

• 퐁피두 센터 전시 레벨 평면 및 단면

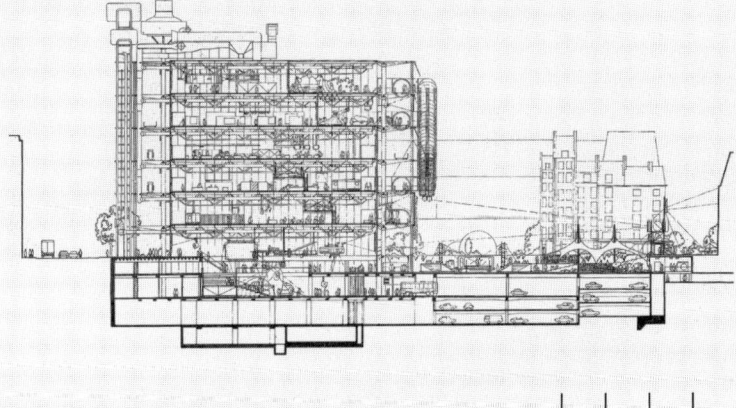

세계를 향해 열린 창
요한 오토 폰 스프렉켈슨의
라 그랑 아르세

나는 건축을 기술 분야의 한 종류로 취급하는 것을 건축에 대한 무지에서 비롯된 것으로 간주하는 만큼, 건축을 예술의 장르 속에 꾸역꾸역 집어넣으려 하는 태도도 참 못마땅하게 여긴다. 건축이 기술과 예술의 속성을 가지고 있긴 하되 그 입장만으로는 건축의 본질에 접근하기 어렵다. 그것은 어디까지나 단편적인 접근일 뿐이며 건축의 문제는 삶 자체의 문제에서 그 이해의 방식을 찾아야 한다. 따라서 삶의 실체에 가까이 가지 못한 건축은 정통적 건축에서 제외될 수밖에 없다.

눈으로 보기에 예쁘고 특출난 집은 유명한 건축이 될 수 있을지 모르나 그러한 집이 건강한 삶을 담는 좋은 건축이 되기는 쉽지 않다. 건축물을 두고 논할 때 그 건축의 형태라든가 재료, 색채 등 시각적 감지가 용이한 것들이 논의의 중심이 되는 경우가 많은데, 이것은 건축을 옳게 보는 방법이 아니다. 조각과는 달리 건축의 형태인 벽체라는 것은 그 안팎의 공간을 한정하기 위해 있는 것들일 뿐이다. 건축이 삶을 담는 그릇이라면, 그 삶을 있게 하는 공간의 크기와 의미 그리고 그것들의 조직이 더욱 소중한 것이라는 이야기이다.

따라서 건축은 삶에 대한, 그 삶의 조직인 사회에 대한 사유의 결과로서만 그 존재의 의미를 가지며 이로 인해 그 본질성이 획득된다. 건축의 어원이 'Architecture(arch + tect)', 즉 '으뜸 학문[元學]'이 되는 이유가 바로 여기에 있다.

이러한 사실을 극명하게 드러내는 건축이 있다. 파리의 신개선문이라 불리는 라 그랑 아르셰(La Grande Arche). 가운데가 휑하니 뚫려 있는 이 큐빅의 건축을 보는 순간, 부질없이 형태와 색채 등을 주된 관심으로 건축에서 찾

라 그랑 아르세 전경

으려 했던 자들은 망연자실해질 수밖에 없을 것이다. 여기에는 형태도 없고 색채도 없으며, 모양도 없고 재료도 없다. 오로지 공간만이 있을 뿐이다.

이 건축은 대규모 공공건축 프로젝트를 건립함으로써 프랑스의 신문화를 창조하려 한 미테랑 대통령의 집념 속에 1969년 완공되기까지 험난한 과정을 거쳐야 했다. 연면적 15만㎡라는 거대한 규모의 이 프로젝트는 국제교류회관이란 이름으로 1982년에 국제 설계경기에 부쳐져서, 40여 개국으로부터 온 424개의 응모안 중에서 그 당시까지 국제 건축계에서 무명이었던 덴마크의 건축가 요한 오토 폰 스프렉켈슨(Johan Otto von Spreckelsen)이 쟁쟁한 명성의 건축가들을 물리치고 당선된다.

이 프로젝트는 세계에서 가장 무거운 문화의 중심 축을 느끼게 하는 길의 연장선상에 위치하게 된다. 파리의 루브르 궁전과 콩코드 광장, 샹젤리제의 길을 거쳐 개선문을 통과하는 직선의 축과 곧장 연결된 파리 신개발지인 라 데팡스(La Défense) 지역의 끝에 이 건축은 놓여 있다.

건축 실무보다도 건축이론에 더욱 밝다는 이 사려 깊은 건축가는 파리의 역사적·문화적 상징성을 가진 이 중요한 축 선의 끝에 막힌 벽체를 세우지 않고, 비어 있는 공간을 두고 그를 한정하는 벽체를 주변에 세움으로써 그 상징축을 새롭게 살려내는 지혜를 보여주었다.

비우기보다는 채우기를 원하고, 잇기보다는 끊기를 더욱 즐기며, 쓰임보다는 가짐에 더욱 가치를 두어온 서양인들 통상의 의식 구조가 맞닥뜨린 이 건축이 내뿜는 메시지는 놀라움 그 자체였을 것이다. 특히 전제적 절대왕권과 혁명으로 잉태된 영웅주의가 역사의 흔적으로 남아 있는 이 도시의 중심 축에서 19세기의 부르주아가 빚은 우아한 샹젤리제 거리를 거쳐 라

데팡스에서 이룩한 자본주의의 승리에 이르면서 역사 도시 파리는 그 도시 성장의 최후를 보는 듯하였으나, '세계로 향한 창'을 개념으로 내세운 한 건축가의 건축신념의 실현에 의해 파리는 새로운 활력으로 지평을 넓힐 수 있게 된 것이다.

라 데팡스는 파리의 역사적 적층으로 억제된 도시개발의 폭발적 수요를 해소하기 위해 신도시로 개발된 지역이었으나, 무분별하고 난잡한 건축들이 천박한 자본주의의 추한 모습을 드러내 그 개발의 공과가 논쟁거리를 제공하기도 하였다. 보행자와 차량의 교통을 완전히 분리시킨 이 신도시에는 사람이 없는 차량의 공간이 얼마나 비인간적인 환경인가를 보여주었고 예술의 자유가 방종으로 흐를 때 인간의 존엄성이 얼마나 훼손될 수 있는가를 가르쳐주었다.

그러나 방만한 현대의 신도시에 우뚝 선 이 건축은 가장 단순한 형태로, 또한 가장 가치 있는 시대정신으로, 부패해가는 현대 건축들을 질타하고 있는 것이다. 높이 110m, 폭 106m의 이 라 그랑 아르세는 중앙에 노트르담 사원과 샹젤리제 거리가 들어갈 수 있는 크기인 높이 90m, 폭 70m의 거대한 개구부를 가지며, 백색의 카라라 대리석으로 덮인 벽체가 단순미의 극치를 보여준다. 가운데 만들어진 광장에 '구름'이라고 불리는 텐트 지붕의 디자인이 자칫 경직되기 쉬운 상황을 순화시키며 사람들을 흡입한다. 기술적 이유로 중심 축과 약간 각도가 틀어진 이 건축이 보여주는 역사와 시대와 환경에 대한 당당한 모습을, 이 건축가는 '미래에의 진낭'이란 의장적 어휘로 상징화시켰다. 그러나 시대정신에 투철했던 건축가는 건축의 완성을 보지 못하고 그의 정신만을 기술한 채 1987년 세상을 뜨고 말았다.

라 그랑 아르세에 오르는 계단과 '구름'이라 불리는 텐트 지붕 앞면
중앙 보이드 공간의 바닥을 덮은 '구름' 광장에서 바라본 라 그랑 아르세 뒷면

나는 이 건축을 목도한 순간 끊임없이 떠오르던 의문들을 아직도 기억하고 있다. 우리가 애초에 사랑하던 비움과 여백의 아름다움이 왜 우리의 도시에 더 이상 남아 있지 못하고 저렇게 먼 이방의 지역에 가 있을까. 우리의 도시는 언제까지 경제적 수치의 환상에 매달려 서양인이 가져다준 물질의 논리로 무장한 채, 오로지 채움의 번잡함에 시달려야 하나. 우리의 도시에 '미래에의 전망'은 과연 있는가. 왜 자꾸만 도시는 얼룩덜룩한 벽체로 닫히고, 그 속에 우리의 아름다운 삶은 가두어지는가.

비움으로써 미래를 채운 이 본질적 공간의 건축을 보면서, 우리는 이 시대 이 땅에 서 있는 우리의 도시와 건축이 가져야 하는 고마운 교훈을 얻는다.

라 그랑 아르세를 올려다본 모습

Johan Otto von Spreckelsen

요한 오토 폰 스프렉켈슨 1929-1987
코펜하겐 출생의 덴마크 건축가로, 왕립 보자르 아카데미의 건축학과장을 역임하는 등 실무 분야보다는 교육계에서 더 활발한 활동을 펼쳤다. 훼어숌 주택(Hoersholm House, 1958)이나 교회건축 등 소규모 작품들을 수행하던 중 1983년에 열린 라 데팡스의 아르셰(L'Arche de la Défense) 국제 설계경기에 당선됨으로써 국제적인 명성을 얻었다. 파리에서부터 이어져오는 축상에 위치한 이 큐브 형태의 건물은 가운데를 비워내는 혁신적인 안을 통해 미래로의 방향성을 제시했다. 그러나 폰 스프렉켈슨은 그 완성을 보지 못한 채 1987년 사망하였으며, 그랑 아르세는 이후 폴 앙드로(Paul Andreu)에 의해 1990년 완공되었다

• 라 그랑 아르세 지붕 평면 및 단면

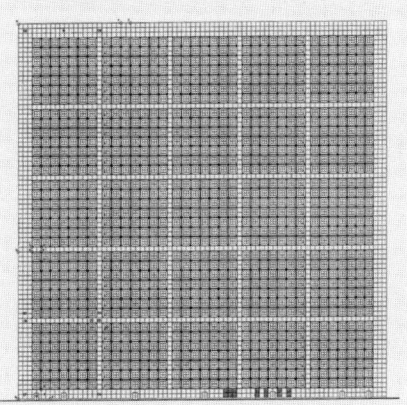

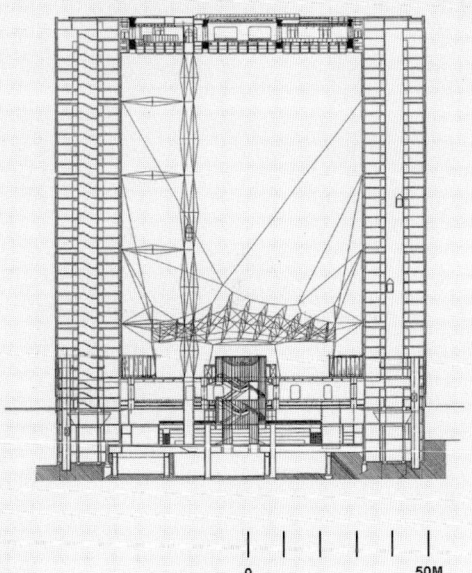

0　　　　　　50M

13

건축과 기억
프 랑 크 푸 르 트   뢰 머   광 장 과
쉬 른   미 술 관

몇 년 전 문민정부 시절, 광복절 기념식에 맞추어 과거 조선총독부였다 하여 국립중앙박물관 건물의 머리 부분을 동강내고 이를 들어 올려 축제를 펼친 일을 기억할 것이다. 텔레비전으로 중계된 이 광경을 보며 나는 배타적 국수주의, 문화적 편협성, 반문화적 폭거, 천민문화 등등 내가 동원할 수 있는 모든 야만적 문화를 이르는 용어를 내뱉으며 분을 삭였었다.

그후 경복궁 복원이 이루어지고 있을 때, 조선총독부였으며 해방 후 제헌의회였고 중앙청이었다가 급기야 대한민국 문화의 중추 시설로 바뀐 그 역사가 건축적으로 그 장소에 남게 되길 소망하였지만, 완공되어 나타난 가짜 경복궁과 더불어 우리 근세사에서 가장 중요했던 흔적은 깡그리 지워지고 말았다.

나는 조선총독부 건물을 영구히 보존하자고 주장하는 반(反)개발론자가 아니었다. 우리 사회에서는 개발과 보전이 양립할 수 없는 적으로 이해되고 그로 인해 숱한 대립과 갈등이 빚어지고 있지만, 내가 믿기로 개발과 보전은 반대의 개념이 아니다. 얼마든지 보존적 개발이 있을 수 있으며 무조건적 보존 논리가 초래하는 방치는 오히려 환경을 파괴하는 일이 될 수도 있다. 우리의 분명한 적은, 새 역사 창조라는 허구적 어구를 앞세워 과거 사실들을 멸실하는 반달리즘이다.

모든 건축은 언젠가는 소멸할 수밖에 없으며, 새로운 환경에 따라 재개발도 되어야 하고 변화하는 것이 마땅하다. 중요한 것은 시간에 따라 건축이 바뀌더라도 수많은 세월 동안 그 장소에 새겨졌던 삶에 대한 기억을 유지시켜 다음 세대에 이어줄 수 있어야 한다는 것이다. 헝가리 태생의 마르크스주의 철학자인 게오르그 루카치(György Lukács)의 말을 빌리면, 바른 진보란 백지상태에서 출발하는 것이 아니라 앞선 시대의 업적을 흡수하여 이루어지는 누적적인 일이다.

독일 프랑크푸르트에 가면 뢰머베르크 광장(Römerberg Platz)과 쉬른 미술관(Schirn Kunsthalle)이 있다. 1980년대부터 수많은 박물관과 미술관을 마인 강변에 새롭게 세워 현대 문화도시로서의 면모를 보인 프랑크푸르트지만 이 도시 역시 2차대전 때 연합군의 공격으로 폐허가 된 곳이었다. 중세 이후 이 도시의 중심으로 시 청사가 있었던 뢰머 광장도 흔적을 찾기 어려울 정도로 파괴되었으나, 이곳은 패전의 상처를 딛고 일어선 프랑크푸르트 시민들이 제일 먼저 복구하고자 한 프랑크푸르트의 상징적 장소였다.

그들은 맨 처음, 이 광장을 면하는 간선도로변에 현대식 쇼핑센터를 지어 그들의 경제 부흥을 알리고자 했으며 이 화려한 새 건축이 자랑스러운 미래를 상징하게 될 줄로 믿었다. 그러나 알루미늄 피막의 상업건축이 로마시대부터 있었던 역사적 장소가 가진 기억을 지운 것을 알게 된 그들은 결국 그들의 정체성을 의문하게 되고 이 경박한 건축을 이내 후회하게 된다.

그들은 이러저러한 우여곡절을 겪은 후 뢰머 광장 주위에 전쟁 직전까지 있었던 건축물들을 보다 더 역사적 원형에 가까운 모습으로 복원하여 그들의 자랑스러운 과거로 돌아가는 계획을 만들었다. 그로써, 아마도 전쟁의 폐허를 완전히 없애고 패전의 기억마저도 없앨 수 있으리라 여겼을 것이다. 그러나 그들은 곧 다시 후회하였다고 한다. 뢰머 광장에 일어났던 슬픈 과거를 억지로 기억하지 못하도록 새롭게 만들어놓은 옛 모습들은 도시의 역사를 오히려 흐퇴시켰을 뿐이었다. 나치 이상한 요술나라를 만든 것 같은 착각을 불러일으킨 이 건물들은 박제된 세트였지 건축이 아니었다. 나치시대의 악몽과 패전의 슬픈 과거를 감추려 한 이 세트에서 공허함

뢰머 광장^위
쇼핑센터, 뢰머 대성당과 쉬른 미술관^{아래}

을 느낄 수밖에 없었고 더욱 손가락질받게 되는 자괴의 감정도 함께 느꼈던 것이다.

그러다 1980년, 뢰머 광장과 뢰머 대성당을 연결하는 중요한 장소에 복합 문화 시설을 세우기로 하고 이를 현상공모하여, 베를린 출신의 젊은 건축가 디트리히 반게르트(Dietrich Bangert)와 베른트 R. 얀센(Bernd R. Jansen), 스테판 얀 숄츠(Stefan Jan Scholz)와 악셀 슐테스(Axel Schultes)가 이룬 협동 팀의 설계안을 당선시킴으로써 이 뢰머 광장은 전혀 새로운 국면을 맞게 된다. 결과부터 이야기하자면 로마시대 이후 오늘날까지의 역사를 그대로 보존할 수 있었으며, 그들은 문화·역사 도시의 성숙한 시민으로서 그 자긍심을 확인하게 되었다.

쉬른 미술관이라 불리는 이 건축은 3,000평 정도의 복합 문화 공간으로 미술 전시관과 음악학교, 미술 공방, 그리고 몇 개의 숙박 시설과 소규모 문화 상업 시설로 구성되어 있다. 그들은 이 건축물들을 단순한 하나의 건축물이나 기념적 장치물로 파악한 것이 아니라, 장소와 장소를 연결하고 시간과 시간을 이어주는 도시적 유기체로 개념을 설정하였고, 정확한 역사 인식과 면밀한 주변 맥락의 분석을 거친 이 새로운 건축은 뢰머 광장에 새로운 공간과 시간을 열게 된다.

대성당에서 시 청사에 이르는 150m 거리의 공간에다 옛날 길이 있었던 위치에 다시 길을 만들었으며, 건물이 있었던 부분은 건물로 광장은 다시 광장으로 안끼 비깥을 만들고 그들을 직실히 넌실시켰다. 그리고 새롭게 구축된 그 길을 따라가는 동안에 로마시대의 유적도 만나고 카롤링거 시대의 유적도 만나며, 근대의 비극도 만나고 현대의 시간과 흔적을 실제

마인 강과 쉬른 미술관 전경. 오른편 아래 로마시대 유구가 보인다.

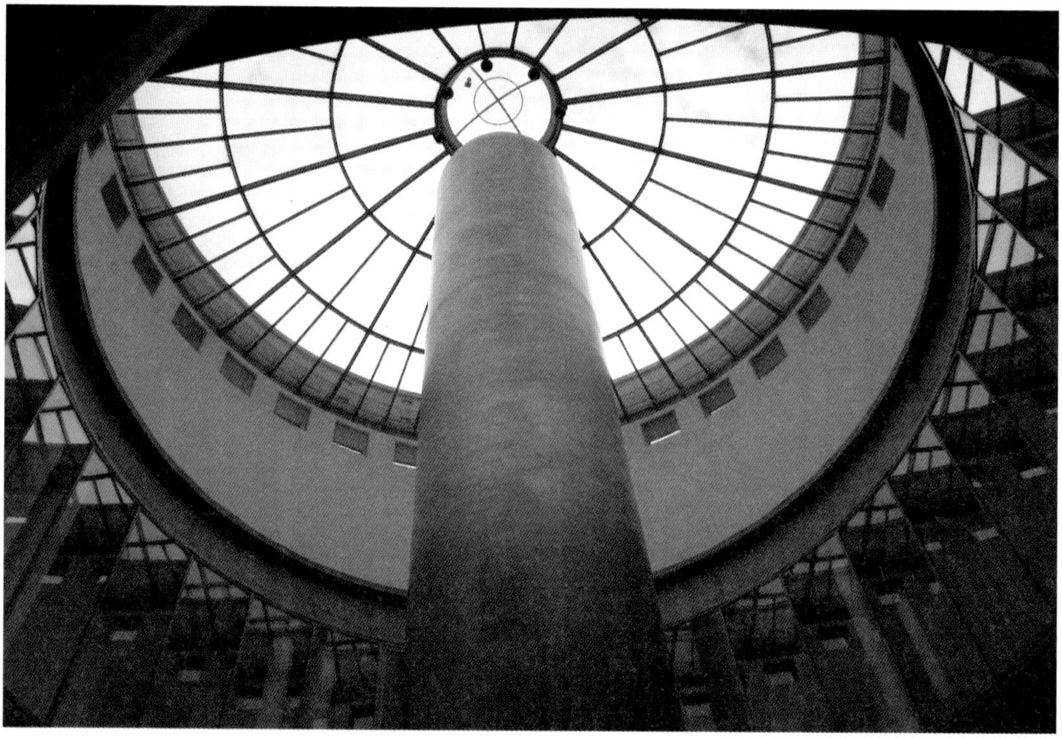

LEBEN, LIEBE UND TOD:
DAS WERK VON JAMES LEE BYARS
13. MAI - 18.

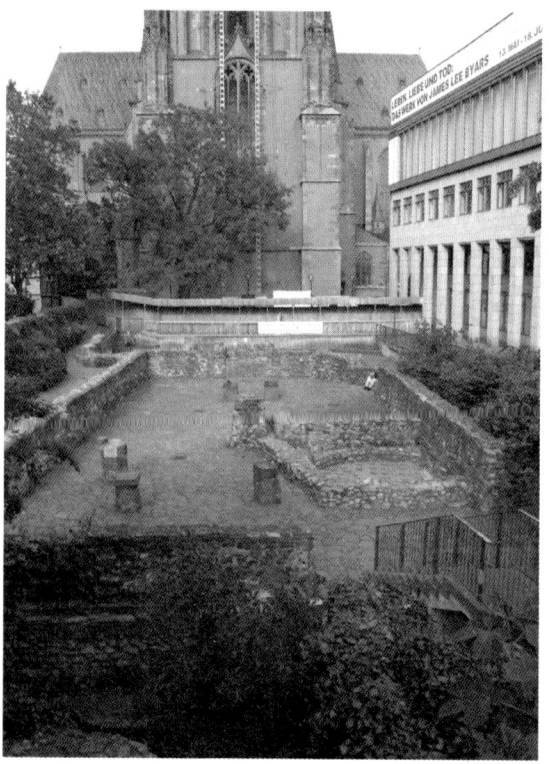

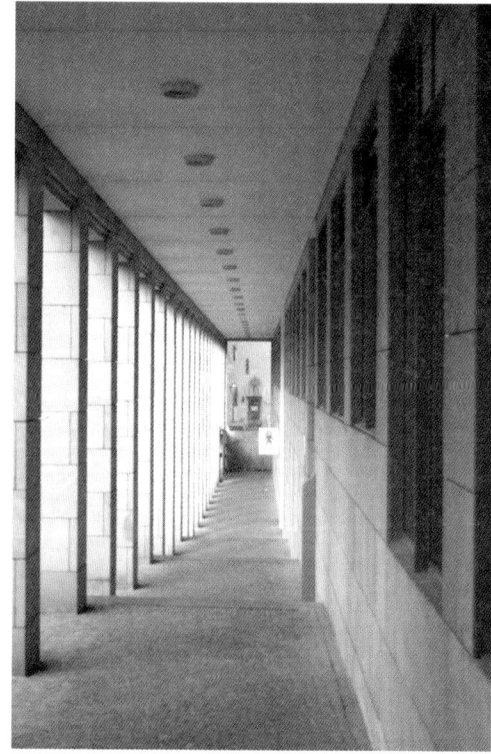

와 상상 속에서 부딪히는 무한한 시간여행을 하도록 하였다.

때로는 긴장하고 때로는 이완되도록 다양하게 조직된 이 공간을 체험하면서, 내부와 외부가 자연스레 연결되는 회랑과 길과 복도를 따라가다 중앙 로툰다로 나오면 둥근 홀 속에 혼자가 된 자신을 발견하게 된다. 100m가 넘는 길이의 좁고 긴 열주의 모습은 마치 대성당과 뢰머 광장 사이에 잠시 끊어졌던 역사의 공백을 강렬하게 접속시키는 듯하며, 그 앞마당에는 지난 시대들의 유구들이 그냥 부서진 채로 있어 마치 버려진 듯하나 사실은 그 속에 담긴 지난 세월의 이야기를 침묵으로 들을 수 있다. 누구나 이 속에서 역사가 적층된 모습을 실제로 보게 되면서 자연스레 역사적 전개 과정 속에 있는 자신의 모습을 느낄 수 있게 된 것이다.

옛날 '쉬베르트페르게쉔(Schwertvergächen)'이라고 이름했던 길은 그 앞에 '옛날의'란 단어를 붙여서 새 길의 이름을 표시하였는데, 한 노인이 손자인 듯한 아이의 손을 잡고 이곳에 다가와 벽에 붙은 그 길 이름판을 가리키며 이야기하고 있었다. 아마도 어릴 적 이곳, 이 거리에서 겪었던 얘기를 들려주고 있었을 게다.

우리는 어떨까. 자기 가족의 역사가 고스란히 남아 있는 곳이 재개발지구로 확정되었다고 하여 '경축, 재개발 확정'이라는 현수막을 내걸고 희희낙락하는 우리들. 아무리 건축이 문화가 아니라 부동산으로 전락한 지 오래되었다고 하더라도 과거의 상실을 축하하기까지 하는 우리들의 정체는 혹 유목민인가.

김원일의 소설 『마당 깊은 집』의 마지막은 이렇게 끝이 난다. "······나는 마당 깊은 집의 그 깊은 안마당을 다른 흙으로 돋구어 올리는 것을 목격

쉬른 미술관 아트리움 위
쉬른 미술관과 로마시대 유구 아래 왼쪽
로마 유적을 면한 열주랑 아래 오른쪽

했다. 내 대구 생활의 첫 일 년이 저렇게 묻히고 마는구나 하고 나는 슬픔 가득찬 마음으로 그 묻히는 땅을 보았다. ……곧 이층 양옥집이 초라한 내 삶의 족적을 딛듯 그 땅에 우뚝 서게 될 것이다."

건축은 강력한 기억장치이며 우리의 정체성은 총체적 문화인 건축을 통하여 확인될 수밖에 없다. 그래서 건축을 시대의 거울이라고 칭한다. 그러나 지금 우리 시대의 건축 거울을 통해 비처지는 서울은 도무지 600년 역사를 가진 고도(古都)라고 믿기 힘든 급조된 풍경이다. 아무리 경복궁을 복원하였다 하더라도 박제일 수밖에 없는 그런 건축은 진실이 아니다. 오히려 악다구니하는 지금의 도시 풍경이 천박해도 그것이 우리의 삶터인 한, 그 기억을 재개발 속에 남긴다면 그것은 진실의 건축이며 귀중한 현대의 유적이 된다.

우리는 너무도 쉽게 짓고 너무도 쉽게 허무는 것 아닌가.

쉬른 미술관 출입 공간에서 뢰머 광장으로 난 길을 통해 본 풍경

Axel Schultes

BJSS (Bangert, Jansen, Scholz, Schultes)

독일 출신의 건축가 디트리히 반게르트(Dietrich Bangert, 1942~), 베른트 R. 얀센(Bernd R. Jansen, 1943~), 스테판 얀 숄츠(Stefan Jan Scholz, 1938~), 악셀 슐테스(Axel Schultes, 1943~)가 1972년 베를린에서 결성한 파트너쉽으로, 쉬른 미술관과 더불어 하노버 독일개신교협의회 본부(Kirchenkanzlei der Evangelischen Kirche in Deutschland, 1979~1980), 베를린 알베르트 아인슈타인 고등학교(Albert Einstein Oberschule, 1993) 등을 설계했다. 1990년대 초 이후에는 독자적으로 작업해오고 있으며, 가장 활발한 설계 활동을 벌이고 있는 슐테스의 경우 본 미술관(Bonn Art Museum, 1985~1993)이 널리 알려져 있으며 1992년 이후에는 샬롯 프랭크(Charlotte Frank), 크리스토프 비트(Christoph Witt)와 함께 악셀 슐테스 아키텍텐(Axel Schultes Architekten)을 설립하여 베를린 바움슐렌베크 화장장(Baumschulenweg Crematorium, 1997~1998), 베를린 통합독일정부청사 수상관저(Bundeskanzleramt, Berlin, 1995~2001)로 독일 건축상을 수상하였다.

• 쉬른 미술관 1층 평면 및 단면

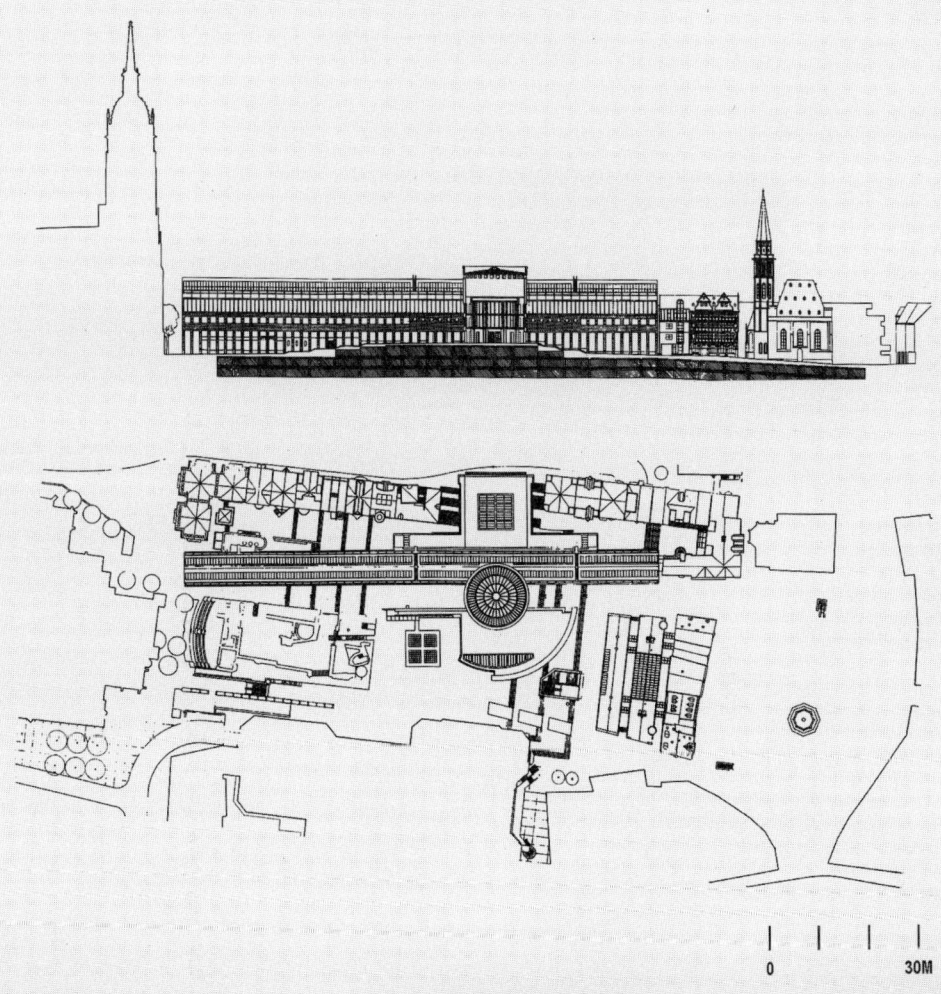

0　　　　　30M

지식의 도시
프 랑 스 국 립 도 서 관

지난 20세기 말이었다. 전 세계가 새로운 밀레니엄을 맞는 흥분에 싸여 있던 어느 날 외신을 타고 들어온 뉴스를 보며 한 나라의 문화에 대해 혼자 한참을 생각한 적이 있었다. 프랑스에서 새로운 세기를 맞아 미래의 삶에 대한 지혜를 얻기 위해 365일 일 년 내내 인문학 강좌를 개설하며 이를 범국가적 사업으로 지원한다는 뉴스였다.

깊은 문화의 향기가 물씬 묻어나는 저들의 발상에 나는 신선한 충격을 받는 것을 넘어 수치심에 사로잡히고 말았던 것이다. 그 전에 우리는 밀레니엄을 기념하기 위해, 어디서 불을 지펴 어디로 이동하고 보관한다든가 혹은 가수들을 동원하여 축제를 연다든가 하는 단말마적이고 쇼 비즈니스적인 이벤트를 국가적으로 기획하고 있다는 것을 들으며, 또 그렇거니 하고 있던 차였다.

문화적 사대주의라는 핀잔을 들을 만한 발언이지만 파리에서는 거지도 문화적으로 보인다고 한다. 이 말은 즉 그들에게는 문화라는 것이 어느 한 계층과 어디 한 부분의 특수한 일이 아니라 도시 전체에 퍼져 있는 일상이라는 것일 게다. 문화가 어디 비교 우위를 따질 만한 것인가. 그러나 문화에 관한 한 다른 어느 나라보다 우위에 있다는 자부심을 늘상 내세우는 것도 그들인데, 그들이 그런 방식으로 가끔 보여주는 문화적 실체에 어쩔 수 없이 그들의 자부심을 인정하게 된다.

프랑스는 20세기의 가장 위대한 건축가 르 코르뷔지에라는 스위스 출신 인물을 자국의 건축가로 키운 나라다. 건축가는 주로 혼자서 작업하는 다른 예술가와는 달리 건축주가 있어야 하며 협업하는 이가 있어야 하고 시공하는 이들이 있어야 비로소 그의 작업이 이루어지는 사회적 예술가라 할 수

기단부에서 바라본 프랑스 국립도서관 타워 부분

있다. 건축가 개인이 아무리 재능이 있다고 해도 사회가 그 건축가의 패트런이 되어주지 않으면 비운의 직인이 될 수밖에 없는 것이다. 다시 말하면 르 코르뷔지에라는 위대한 건축가는 프랑스라는 사회의 산물이라는 말이다.

신문에 부동산 면은 있어도 건축 칼럼 하나 없고, 새로운 건축을 소개할 때 시공회사는 내세워도 건축가의 이름은 아무리 눈뜨고 찾아봐도 보이지 않는 초라한 우리의 처지를 비추어보면 더욱 그러하다.

지난 1988년 서울 올림픽 때 프랑스 정부 주최로 서울에서 프랑스 건축전이 열렸다. 프랑스를 대표하는 몇몇 건축가와 그들의 건축 작품을 선전하기 위하여 프랑스 정부가 전시회를 주도하더니 그 이후에도 간헐적으로 정부가 나서서 우리에게 그들의 건축을 소개하고 있다. 그들은 건축이 문화적으로 얼마나 중요한 상품이며, 동시에 국가의 상징적 홍보물인지를 잘 알고 있는 것이다.

지난 1996년에 세상을 떠난 프랑수와 미테랑 대통령에 대한 우리의 기억은 매우 유난하다. 미테랑이 소위 불륜으로 얻은 자식에 관한 일이 노년에 밝혀졌음에도 그 사건은 아름다운 사랑의 이야기로 비쳤고, 병으로 최후를 맞이하는 그에게 온 세계가 연민의 정을 쏟았다. 지적 감수성이 풍부했던 노대통령의 고매한 삶에 대한 존경의 표시였던 것이다.

본시 문학도였던 그가 우파 정권을 누르고 대통령에 당선된 다음 '그랑 프로제(Grand Project)'라는 대역사를 시작한다. 세계에서 자국의 문화적 우위를 입증하려는 듯, 대형 건축 프로젝트를 통한 파리의 문화적 개조 작업에 몰입한 것이다. 라 데팡스에 신개선문인 라 그랑 아르세를 세워 파리의 중심 축을 늘었으며, 루브르(Louvre) 박물관의 중정에 유리 피라미드를 세워 루브르 궁전을 훼손하지 않고는 불가능해보였던 박물관 증축을 이루었고, 라 빌레트(La Villette)의 소시장을 공원으로 바꾸며 새로운 건축개념을 정립하였고, 이 외에도 바스티유(Bastille) 극장 등을 비롯해 현대 건축사에 찬연히 빛날 기념비를 여럿 건립하게 한 것이다. 물론 건축가들의 놀라운 역량이 있었기에 이루어진 일이었으나 문화에 확실한 신념을 가진 미테랑 대통령의 혜안이 아니었으면 불가능한 사업이었다. 물론 그로 인해 파리는 첨단의 건축을 과시하며 세계 건축의 방향타를 조절할 수 있었고, 여전히 세계 문화의 중심지로서의 자부심을 유지할 수 있게 되었다.

나는 그중에서도 그랑 프로제의 일환으로 건립된 프랑스 국립도서관(Bibliotheque Nationale de France)을 가장 성격이 분명한 '미테랑적 건축'으로 지칭하고자 한다. 파리 사람들이 '미테랑 도서관'으로도 부르는 이 국립도서관은 1989년 국제 설계경기를 통해 건립되었다.

개관식에서의 도미니크 페로와 미테랑 대통령

그 설계경기에서는 1971년 34세의 나이로 퐁피두 센터 국제 설계경기에 혜성처럼 등장했던 렌조 피아노가 중요한 위치에서 심사를 맡았다. 이제 세계 건축계의 거장이 된 피아노를 비롯한 심사위원회에서는 최종적으로 두 개의 안을 뽑아 미테랑 대통령에게 그 선택을 맡겼다. 두 개의 안은 서로 비슷한 것이 아니라 근본적으로 다른 안이었다. 한 가지 안은 대단히 절제된 모습을 지녔고 다른 안은 상당히 표현적 형태를 띠고 있었으니, 어떻게 보면 서로 완벽하게 반대의 입장에 서 있는 건축이었던 것이다.

미테랑 대통령은 절제된 모습을 가진 설계안을 택했다. 이것은 그가 지적으로 얼마나 풍부한 감각을 가지고 있는지를 보여주는 사건이었다. 동시에 프랑스는 도미니크 페로(Dominique Perrault)라는 36세에 불과한 건축가를 국민적 영웅으로 맞이하게 된다.

도미니크 페로. 그는 이 도서관의 1등 당선 이전에 파리 교외에 있는 전자공학대학의 한 자그마한 호텔을 설계하여 재능을 보인 적이 있지만 불과 3, 4명의 직원을 가진 작은 설계사무소를 겨우 꾸려나가는 무명의 건축가였다. 그가 프랑스 지식의 보물창고인 국립도서관의 건축가로 발표되고 그의 설계안이 노출되었을 때 프랑스는 경악하고 말았다.

마치 1971년 퐁피두 센터의 설계안이 공표되었을 때 프랑스 사회에 일었던 뜨거운 논쟁을 다시 연상케 하였다. 그러나 프랑스인들에게 이 논쟁은 하나의 문화적 현상일 뿐 이 야심차고 기품 있는 설계안을 뒤집을 의도가 있는 것은 아니었다. 오히려 논쟁에 익숙한 그들은 이 새로운 도서관의 실현을 못내 기다려왔다. 드디어 1995년, 이 도서관은 새로운 건축이념을 세계에 내보이며 센 강변에 하나의 문화로서 나타나게 된 것이다.

일반적으로 도서관은 책을 보관하고 열람하는 기능을 가지며, 지식의 전당이라는 상징성을 띤다고 생각한다. 이 보관이라는 기능을 수행하기 위해 책은 빛이 잘 들어오지 않는 곳, 소위 수장고라는 어두운 곳에 보관하고 열람의 행위는 지상에서 이루어진다고 생각하며, 건축의 형태로서 지식의 전당은 권위를 연상케 하고 이어 육중하고 우람한 골격을 가져야 도서관이라고 여긴다. 도서관에 대한 일반적인 생각의 반대편에 이 프랑스 국립도서관이 서게 된 것이다.

  이 도서관은 센 강을 이웃하고 있는 철도의 기지창으로 쓰이던 2만 평이 넘는 넓은 부지 위에 서 있다. 페로는 센 강 쪽으로 다소 기울어 있는 땅을 수평의 면으로 만들고자 센 강변의 면을 들어 올려 기단부를 형성하고 그 가운데 길이 200m, 폭 60m의 직사각형 대지를 파서 기단부에서 21m 내려간 바닥에 정원을 만든다. 그리고 이 가운데 직사각형의 둘레 네 귀퉁이의 가장자리를 싸는 'ㄱ'자 평면을 가진 네 개의 타워를 높이 80m로 세운다.

  이 타워는 투명한 유리로 되어 있으며 그 안은 수장고이다. 열람실은 기단부 아래에 있으며 뚫린 정원을 통해 빛을 받는다. 나무로 된 기단부 위에 놓인 시설은 유리와 철제 같은 대단히 날카로운 재질로 되어 있다. 심지어 나무들도 철제 망으로 된 박스 속에 갇혀 있다.

프랑스 국립도서관은 많은 역설을 가진 건축이다. 페로는 이 건축을 일반적으로 예상되는 육중하고 막혀 있는 볼륨으로 그리지 않았다. 오히려 도시 조직 속에 스며든 공백을 그렸으며, 건물은 그 공백을 한정하는 요소일 뿐이다. 그는 기단을 만들고 그 속을 비움으로써 그러한 특별한 장소를 만

목재가 깔린 기단부

드는 데 성공한 것이다. 즉 공백의 네 귀퉁이에 선 건물 사이에서 함축된 의미를 갖는 이 공간은 단순한 기하학적 구성으로 우리의 마음속에 오랫동안 남게 된다.

　이 탁월한 명료성은 공간의 고귀한 정신을 느끼게 하며 나아가 지식의 구체적 모습을 연상하게 한다. 특히 기단부에서 지면 밑으로 내려간 선큰 가든(Sunken Garden)은 닫혀 있고 접근이 불가능하다. 이는 의미가 가득한 문화의 신비한 중심으로서 그 성격을 더욱 뚜렷이 한다.

　아프리카산 잿빛 나무로 덮인 기단부는 무려 300m가 넘는 목재 계단을 딛고 올라가야 한다. 이 목재를 밟는 순간 책을 만드는 재료를 딛는 것이며 그 발걸음은 콘크리트의 계단을 밟는 것과는 사뭇 다른 조심스러움을 지니게 하고 심지어는 방문객의 마음을 경건하게까지 한다.

　기단부에 오르면 이미 도시의 일상적인 삶에서 떠나게 되고 광활한 평원에 다다르며, 이 평원은 마치 자코메티가 사뮤엘 베케트의 희곡 『고도를 기다리며』를 위해 꾸민 삭막한 무대처럼 팽팽한 긴장에 싸여 있다. 이 긴장된 평면 위에 네 개의 유리 타워는 투명하게 빛난다. 투명함 속에 비치는 따뜻한 목재 패널은 시시각각 열리고 닫혀 수시로 변하는 천의 얼굴을 품고 있으며 그 속에 보이는 책은 지식이 얼마나 보석같이 귀한 것인지 아느냐는 듯이 아름답게 비친다.

　이 기단부 중앙에 파여 있는 공허부는 마치 태고에 만들어진 듯한 자연의 분화구이며 그 속에 심어진 나무는 자연의 불가침적 가치를 상기시킨다. 에스컬레이터를 타고 그 속으로 들어가는 것은 이제 일상에서 완벽하게 이탈하여 새로운 지식의 세계로 떨어지는 것이다. 따뜻한 목재가 가득 찬 열람실은 새로운 세상이다.

센 강변에서 바라본 프랑스 국립도서관

가운데 비어 있는 공간을 통해 도시 풍경을 모으는 수장고 타워[위] 목제 기단부. 책의 재료와 연관이 있다.[옆면]

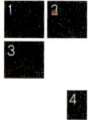

1. 수장고 타워
2. 기단부에서 아래로 내려가는 에스컬레이터
3. 기단부
4. 수장고 타워 틈에 담긴 도시 풍경

이 걸출한 건축은 무엇보다도 네 개의 타워가 만든 공허부에 그 가치가 있다. 이 공허부는 하늘과 구름을 담기도 하지만 파리의 도시를 그 안에 껴안았다. 우리로 하여금 파리를 지식의 도시로 인식하게 하는 것이다. 프랑스 국립도서관은 일개 건축이 아니라 바로 '지식의 도시'인 것이다.

미테랑 대통령은 이 도서관의 준공식에 페로와 함께 서서 다음과 같이 말하였다.

　　"…… 그의 디자인은 대칭 속에서 명료하며 그 선들은 절제되어 있고 그 속의 공간들은 참으로 기능적입니다. 마치 침묵과 평화의 요구처럼 이 건축은 지면 속으로 파고들었으며 네 개의 타워는 도시의 심장부인 광장을 만들었습니다. 땅과 하늘 사이에 탄생한 도서관의 산책길은 모두에게 열려 있으며 현대 도시의 새로운 거처인 넓은 공공 공간에서 우리는 만나고 섞이게 되었습니다. 페로의 이 작업은 일개 건축이 아니라 미래를 예시하는 하나의 도시 계획인 것입니다. 그는 인류의 지식에 대한 굶주림과 아름다움에 대한 갈망을 향해 하나의 위대한 성취를 이룩한 것입니다."

　　어느 건축 평론가가 이런 풍성한 진실과 섬세한 감성을 담은 관찰의 언설을 만들 수 있을까. 참으로 아름다운 평가이며 깊은 지성에서 나오는 울림 아닌가.

　　프랑수와 미테랑과 도미니크 페로를 가진 지식의 도시, 프랑스 국립도서관. 너무도 부러운 문화인 것이다.

Dominique Perrault

도미니크 페로 1953-

클레몽 페랑(Clermont Ferrand) 출생인 페로는 1978년 파리에서 건축 학위를 받고 이듬해 국립토목대학(Ecole des Ponts et Chaussées)에서 도시 계획 학위를 획득하였다. 1980년 고등사회과학대학에서 역사학으로 석사학위를 받은 후 1981년 파리에서 설계사무실을 열었다. 1989년 프랑스 국립도서관(Bibliotheque Nationale de France)과 1992년 베를린 올림픽 자전거 경기장 및 수영장(Berlin Olympic Velodrome and Swimming Pool) 설계경기에 당선되면서 국제적인 명성을 얻었으며, 스위스 공과대학을 비롯하여 바르셀로나와 브뤼셀에서 학생들을 가르치고 있다.

• 단면

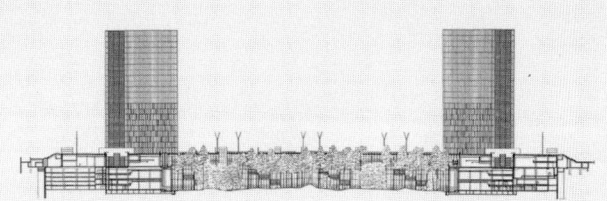

• 데크 레벨 평면

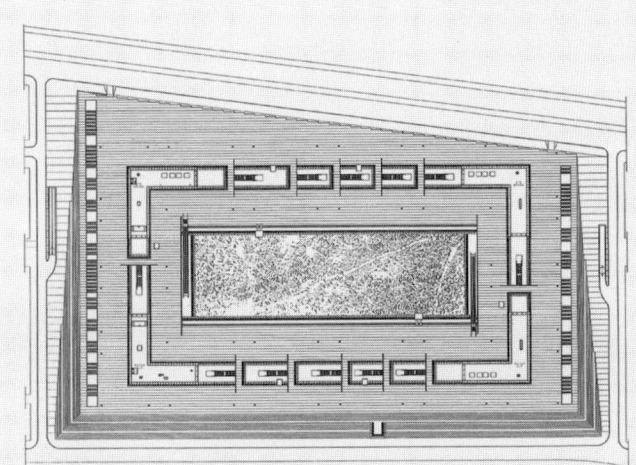

• 프랑스 국립도서관 선큰 레벨 평면

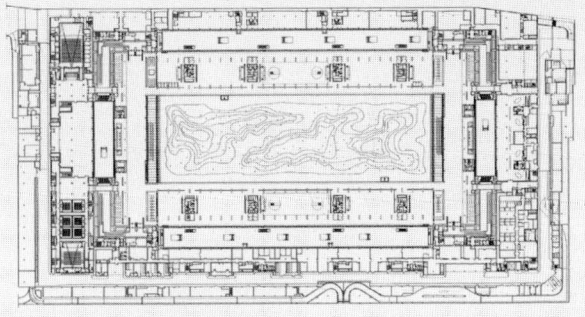

0　　　　　100M

15

귀엘 공원의 재발견
안 토 니 오   가 우 디 의   이 상 도 시

스페인의 바르셀로나 하면 많은 사람들이 성가족(聖家族)을 의미하는 사그라다 파밀리아(Sagrada Familia)라는 불가사의한 성당의 웅장한 이미지를 떠올린다. 마치 바르셀로나라는 도시 자체가 이 건축을 위해 존재하고 있는 듯한 상징물인 이 고딕 양식류의 성당은 아직 짓고 있음에도 불구하고 하루에도 수만 명의 관광객을 불러 모은다. 언제 완성할지도 모르며 본체 구조물조차 아직 올라가지 않았지만 지금까지 완성된 부속탑과 현란한 건축 디테일, 기기묘묘한 장식만으로도 세계 곳곳에서 온 사람들을 감탄시키는 것이다.

이 성당의 지하에는 성당을 건축한 안토니오 가우디(Antonio Gaudí)가 묻혀 있다. 불세출의 천재적 재능을 가졌던 그는 자신의 마지막 생애를 이 성당의 완성을 위해 몰두하던 중, 1926년 점심식사를 위해 공사 현장 앞의 길을 건너다 전차에 치어 78세의 생을 마감한다. 철저한 금욕적 생활과 검소함으로 이 성당의 작업에만 몰두한 그에게 바르셀로나인의 한없는 비탄과 존경이 잇달았으며 수많은 문상 행렬이 이어졌다고 한다. 모든 극적 요소를 가진 이 성당건축이야말로 수많은 이들을 동시에 열광케 할 수 있는 20세기 최고의 건축 사건인지도 모른다.

그러나 나는 사실 이 성당에 대해 그동안 그다지 큰 관심을 두지 않고 있었다. 최고로 높은 탑이라든가 최대의 크기 혹은 최장의 공사 기간 등, 이러한 기록은 기네스북에 오를 가치가 있는지는 몰라도 그것이 건축의 올바른 목표는 아니기 때문이었다. 또한 이 건축이 고딕의 정신을 그대로 답습하고 바로크의 정신을 변용하는 자세를 취하는 한, 새로운 시대를 여는 새로운 건축이라고는 보기 어려웠다. 따라서 이를 만든 가우디에 관해서, 그의 놀라운 기량에 경탄하면서도 새로운 삶에 대한 선언이 없다는 이유로,

귀엘 공원 입구의 시장 공간 내부

어쩌면 지적 완성에 대한 문제로 높은 점수를 주지 않고 있었다. 심지어 내 서가에 가우디에 관한 책이 한 권도 놓여 있지 않을 정도로 나는 어쩌면 그를 무시하고 있었던 것이 사실이다. 이것이 얼마나 큰 잘못이었는지를 지난 1999년 봄, 내가 처음으로 이 도시를 방문하고서야 비로소 깨닫게 되었다.

바르셀로나에는 다른 도시와는 다소 다른 분위기가 있다. 역사의 무게를 느끼게 하는 것은 유럽의 다른 도시와 공통적이며 해안에 위치한 도시가 갖는 낭만적 분위기도 여타의 항구 도시와 비슷하지만 도시 전체가 참으로 세련되었다는 것을 느낄 수 있다. 이러한 인상의 연유를 파악하기 위해 조금만 유심히 살펴보면 바르셀로나의 도시 풍경에는 조경적 기교가 유난히 눈에 띄는 것을 알 수 있다. 이는 물론 1992년 바르셀로나 올림픽을 맞아 도시 전체가 새롭게 단장한 덕분이기도 하리라. 그러나 올림픽이 지난 지금에도, 아니 그 전부터 바르셀로나의 도시 경관은 부단히 새롭다.

    건축물을 새로 지을 빈 땅을 구하기가 쉽지 않을 정도로 대부분 지난

사그라다 파밀리아 성당

시대의 때들이 덕지덕지 묻은 건축물들이 즐비한 이 거리가 새롭게 느껴지는 것은 그나마 새로운 건축물 때문이 아니라 바로 가로나 공원 등의 공공 공간들이 새롭게 바뀌었기 때문이다. 새롭게 바뀐 공공 공간이 관심을 끄는 이유는 무엇인가. 그 모습이 그냥 보통의 공원이나 가로의 예쁜 단장이 아니라 예사롭지 않은 감동을 주는 '장소'로 바뀐다는 것 때문이다.

올림픽을 앞두고 만든 발 데 에브론(Val d'Hebron)이라든지 바르셀로네타(Barceloneta) 같은 곳을 가보면 단순한 공원이나 해변이라기보다는 공원의 의미 혹은 공원과 도시와의 관계, 나아가 우리 삶의 궁극적 목표 같은 도시적 선언을 듣게 된다. 그들이 만든 외부 공간은 단순한 조경의 차원을 떠나 도시적 삶과 분리할 수 없는 개념의 공간으로 발전하는 것이며, 다르게 표현하자면 우리 삶에 중요한 의미를 갖는 장소로서의 큰 건축으로 다가오는 것이다.

다소 전문적으로 이야기하면 '건축적 조경(Architectural Landscape)'이라는 말이 된다. 이 '건축적 조경'이라는 말은 외부 공간에 단순히 나무나 꽃을 심어 채우는 게 아니라 땅을 건축처럼 다시 만드는 것이며, 그 땅에 세워지는 건축이 그 땅의 형국을 닮게 만드는 것이다. 즉 건축과 조경 혹은 건축과 장소가 달리 있는 것이 아니라 완전한 합일을 이루는 것이다. '건축적 조경'이라는 단어는 현재 서구 건축계에서 가장 널리 쓰이는 화두이다. 이 화두의 실천적 방법들을 바로 바르셀로나에서 어렵지 않게 볼 수 있는 것이다.

그렇다면 어떻게 해서 바르셀로나가 이 중요한 현대 건축의 키워드를 생산해내는 본산지처럼 되었을까. 나는 안토니오 가우디가 만든 귀엘 공원(Parc Güell)이 바로 그 뿌리라는 것을 알아내고 망연자실하고 말았다.

1. 바르셀로나 시내 브라질 가로 풍경
2. 바르셀로나 중앙역 앞
3. 발 데 에브론 공원의 양궁 경기장
4. 몬주익 공원 안외 식물원

우리가 알고 있는 귀엘 공원의 모습은 화려한 색채의 타일 조각으로 모자이크된 벤치나 용과 거북 등의 모양을 가진 기묘한 장식물들 그리고 기괴한 모습의 열주들에 대한 인상이며, 이 공원을 소개하는 모든 책들이 그러한 사진들만 담고 있는 것이 사실이다. 그러한 장식적 요소들로 가득찬 건축이, 건축을 항상 우리 삶의 문제와 떼어서 생각하지 못하는 나의 관심을 끌 리 없어 다소 시큰둥한 마음으로 이 귀엘 공원을 산책하였으나 그러한 나의 선입관이 전혀 잘못된 것임을 아는 데는 그리 오래 걸리지 않았다. 귀엘 공원의 모든 장식적 요소들은 이 공원이 나에게 준 감동에 비하면 그다지 중요한 것이 아니었던 것이다.

입구 부분에 있는 86개의 기둥이 가득찬 구조물의 공간에 들어서는 순간, 이 공원은 단순한 공원이 아니라는 것을 깨닫기 시작했다. 그가 왜 이런 열주의 공간을 공원에다 만들었을까. 이 6m 높이의 기둥들로 떠받친 공간은 바로 가우디가 만들고자 한 새로운 도시의 중심 상업 시설인 시장 공간이었으며 이 기둥들 위의 비어 있는 공간은 문화 시설인 공연장이었다. 즉 다시 말하면 이 시설들은 한 도시를 위한 공공 시설이었다.

귀엘 공원은 단순한 공원이 아니었다. 가우디가 만든 이상도시의 실체였던 것이다. 공원으로 오인된 가우디의 이 이상도시는 각종 도시의 시설을 완벽하게 갖추고 있다. 길의 체계나 길과 집이 만나는 방법 등 그 공간의 전이와 기법이 완벽한 구성과 드라마를 갖추고 있는 것이다. 테라스 같은 곳을 곳곳에 만들어 놓은 이유가 무엇인가. 그것은 경사진 땅에 놓여진 도시 어느 곳에서든 지중해를 볼 수 있도록 한 것이며 이 테라스들은 열주와 계단들에 의해 공간적 긴장을 연출하고 있다.

나는 이내 서점으로 가서 귀엘 공원에 관한 기록을 찾아보았고 다음과 같은 기록을 발견할 수 있었다.

가우디가 바르셀로나의 부호이자 문화 애호가인 귀엘 백작을 강력한 패트런으로 두면서 그의 신비하면서도 상징적인 건축관을 실현할 수 있게 된 것은 참으로 행운이었지만, 동시에 귀엘 백작이 자신의 꿈을 이 영감에 가득찬 건축가의 손을 빌어 현실화한 것 또한 적지 않은 축복이었다. 몇몇 건축을 가우디에게 맡겨 대단한 성과를 거둔 귀엘 백작은 1895년부터 새로운 도시를 꿈꾸며 바르셀로나 교외의 토지를 매입하기 시작하고 이 야심찬 이상도시의 설계를 가우디에게 의뢰하게 된다. 이때가 에버네저 하워드(Ebenezer Howard)가 '미래의 전원 도시(Garden Cities of Tomorrow)'에 대한 개념을 세상에 발표하기 7년 전의 일이었다.

가우디는 절대주의가 위기에 처한 근대에 기계시대를 바라보며 진보 정신에 입각한 카탈루냐 지방의 모더니즘을 꿈꾸고 있었다. 그리고 여기에 짓는 모든 집들이 바르셀로나의 도시와 지중해를 바라보는 풍경을 그리며 더불어 내부의 공동체를 완성할 수 있도록 공동 시설에 대해 몰두하였다. 애초의 계획에 따르면 15ha의 땅에 300평 내지 600평 크기의 택지 60개를 만들고, 서로의 시선을 침범하지 않도록 용적률을 17%로 제한하는 등 여러 세부적 계획을 담았다.

그러나 이 계획은 실패하고 만다. 교외에 부지를 마련했으나 바르셀로나의 도시 팽창으로 도시권역 안에 위치하게 되었고 귀엘 백작과 다른 귀족들 간의 의견 대립으로 필지의 분양이 겨우 3필지에 그쳐 ─ 그것도 가우디 자신이 하나 사고 귀엘 백작의 친척이 산 것을 감안하면 하나도 팔리지 않은 것이다 ─ 이 도시는 귀엘 백작의 이상 속에만 남게 되었다. 이 도시의

실패로 큰 상처를 받은 귀엘 백작은 1918년 운명하였고, 가우디는 사그라다 파밀리아 성당의 건축에 전념코자 성당 건축 현장으로 거처를 옮기게 되면서 귀엘 공원에 관한 모든 일은 중단된다. 그리고 팔리지 않은 빈 땅에는 나무와 풀들이 무성히 자랐으며 시 당국이 1922년 이 부지들을 매입하여 결국 이 실패한 도시는 공원으로 변하고 말았다.

도시건설에는 실패하였지만 이미 도시의 인프라가 갖춰져 있는 터라 이 공원에서는 종래의 전통적 공원과는 사뭇 다른 모습들을 곳곳에서 볼 수 있다. 이 공원을 걷노라면 마치 아름다운 시골길을 걷는 듯하며 계단을 오르노라면 그 끝에는 오랜 친구의 집이 있을 것 같은 착각을 하게 된다. 그야말로 땅 자체가 건축이며 조경과 건축의 구분이 불가능하다. 바로 여기에 현대 건축의 가장 광범한 주제이며 바르셀로나 특유의 건축 어휘인 '건축적 조경'에 대한 실마리가 있는 것이며 이는 바로 가우디에게서 비롯된 게 아닌가.

    그렇다. 가우디의 건축을 장식과 형태로만 보는 것은 큰 잘못이었다. 그에게 건축은 별도로 존재하지 않는 것이다. 건축은 반드시 자연과 함께 있어야 하며 또한 전통과 함께 있어야 한다. 카탈루냐 출신인 가우디의 건축은 적어도 자연과 역사를 건축화하고자 하는 집념의 소산이며 나아가 이를 통합하고자 하는 새로운 모더니즘을 위한 제안인 것이다.

    그리고 보면 가우디가 바르셀로나 시내에 건축한 카사 밀라(Casa Milá)라는 도시 공동주택도 그렇게 이해할 수 있다. 자유자재로 가공하여 물결치는 듯 대단히 드라마틱한 입면을 가진 돌덩이들도 지중해의 자연과 통합된 것이며, 더욱이 카사 밀라의 옥상에 만든 정원은 가우디의 건축적 조경

시장 공간 앞 동물조각 위 왼쪽   시장 위의 광장과 모자이크 벤치 위 오른쪽   귀엘 공원 속의 광장 아래

에 대한 정신의 정수라고 볼 수 있다. 공동주택에 사는 거주인이 모일 수 있는 장치를 옥상정원에 만들어놓았고 혼자서 지중해를 응시하도록 높은 단을 쌓아놓기도 하였다. 마치 다른 세계가 가능하도록 하였으니 소위 우리 삶의 기본적 하부 구조를 완성해놓은 것이다.

귀엘 공원의 서쪽 끝은 관광객들에게 잘 알려져 있지 않아 발걸음이 뜸한 곳인데, 이곳에는 가우디가 이상도시를 위한 성당을 짓다 만 흔적이 남아 있다. 비교적 큰 성당을 지으려 했으나 공사가 중단되면서 입구 부분의 돌 제단만 남게 되었다. 이 돌 제단 위에는 돌로 만든 3개의 십자가가 서 있다. 거칠게 마모되어 이제는 원시적 형상으로 남아 있을 뿐이지만 마치 가우디의 강렬한 외침을 눈으로 확인하는 듯하였다.

'성스러운 언덕'이라 불리는 이곳에 올라보면 건너편 귀엘 공원의 아름다운 모습을 대부분 볼 수 있다. 나의 눈에는 그들이 세우려 한 도시와 건축의 모습들이 오버랩되어 들어왔다. 귀엘 백작의 사업은 실패했지만 가우디의 건축이상은 실현되어 오늘날 미궁에 빠진 현대 건축을 관통하는 뚜렷한 실마리를 제공하며 현대를 사는 후학들에게 큰 목소리로 오늘도 침묵의 선언을 하고 있는 것이다.

나는 공원을 내려오면서 귀엘 공원을 디즈니랜드처럼 여겼던 나의 무지와 미련함과 늦은 각성을 탓하였다.

귀엘 공원 안의 수로

공원 서편 '성스러운 언덕'에 세워진 미완성 성당의 십자가

카사 밀라^{왼쪽}   카사 밀라의 옥상^{오른쪽}

Antonio Gaudí I Cornet

안토니오 가우디 1852-1926

1874년에서 1878년까지 바르셀로나에서 건축을 공부할 당시부터 가우디는 여러 건축 사무실에서 일하며 실무를 익혀나갔다. 1878년 바르셀로나에서 설계 사무실을 개업한 그는 이듬해 첫 작품인 카사 비센스(Casa Vicens, 1883-1885)를 계획하는데, 돌이나 색타일 등 이후의 작품들에서 나타나는 주요 재료들이 이때부터 사용되었다. 타일 제작자였던 유세비 귀엘(Eusebi Güell)은 가우디의 절친한 친구이자 강력한 후원자가 되는데, 귀엘 공관(Palacio Güell, 1885~1889)에서부터 귀엘 공원(Parc Güell, 1900~1914) 등 많은 작품들이 그의 의뢰로 만들어진 것이다. 귀엘 공관과 테레시아노 학원(Colegio Teresiano, 1888~1889)에서는 포물면 형태의 볼트가 처음으로 사용되었고, 콜로니아 귀엘 교회(Colonia Güell, 1898~1916)의 경우 실에 모래주머니를 매달아 하중 분포를 역으로 시각화하기도 했다. 1900년에서 1914년까지 진행된 귀엘 공원 프로젝트는 결과적으로 저택 두 채, 입구 부분과 가로 체계밖에 실현되지 못했지만, 유기적인 형태와 아울러 그의 도시관이 잘 드러나 있다. 그의 대표적인 집합주택 작품인 카사 바트요(Casa Batlló, 1904~1906)와 카사 밀라(Casa Milá, 1906~1910) 역시 물결치는 듯한 입면 형태로 유명하다. 1914년부터는 과거 그의 고용주였던 프란시스코 드 파울라 드 비야르(Francisco de Paula de Villar)의 뒤를 이어 사그라다 파밀리아 교회(Sagrada Familia) 설계에 집중하였는데 1926년 불의의 전차 사고로 숨지고 말았다. 사그라다 파밀리아 교회는 지금까지도 건설이 진행 중이다.

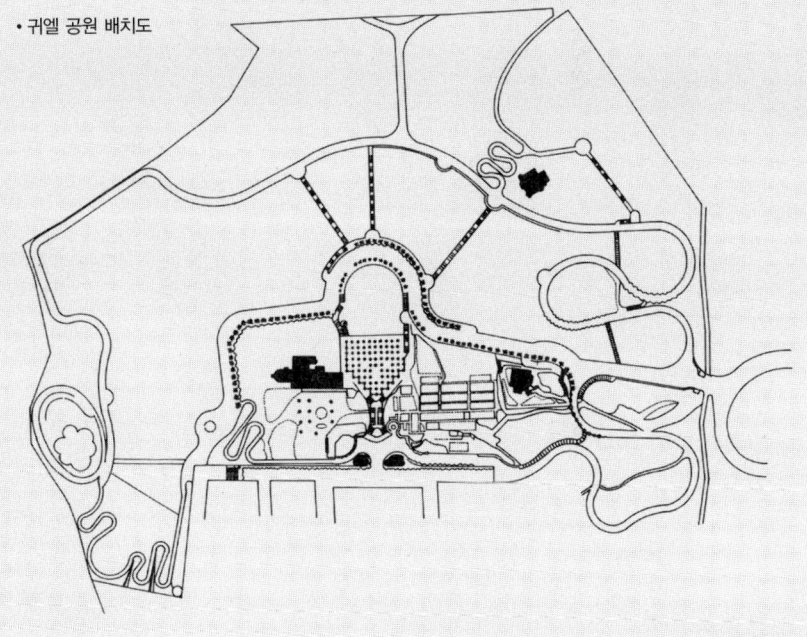

• 귀엘 공원 배치도

성서적 풍경

시 구 르 트   레 베 렌 츠 와
우 드 랜 드   공 동 묘 지

스웨덴의 건축가 시구르트 레베렌츠(Sigurd Lewerentz)는 건축하는 우리에게도 생소한 이름이다. 서너 권에 불과한 그에 대한 책 중에서 1989년 런던에서 간행된 『고전주의의 딜레마(The Dilemma of Classicism)』라는 제목의 책이 있다. 이 책의 제목이 암시하는 바로는 고전주의 건축을 해온 레베렌츠가 딜레마에 빠진 후 이를 극복하고 전혀 다른 스타일의 건축세계에 도달한다는 것이며 실제 이 책은 그러한 추론에 의거한 사례들을 열거하는 내용을 담고 있다.

그 책에 나온 레베렌츠의 건축 중 우드랜드(Woodland) 공동묘지가 있는데, '부활의 교회'라는 이름을 가진 공동묘지의 한 교회당 건축은 일견 지붕의 형태며 기둥의 모양들이 고전주의적 형식으로 되어 있어 그의 건축이 19세기를 지배한 고전주의 양식으로 분류될 듯도 하였다. 문제는 그가 말년에 건축한 몇 개의 교회와 작은 꽃집에서 사용한 건축 어휘가 몹시 현대적이라는 것인데, 그렇다면 실제로 그 책에 씌어 있는 그대로 자신의 건축 여정에서 대단한 전환을 이루어낸 것이 틀림없다.

이 책의 서문은 '침묵의 건축가'라는 제목을 달고 있었다. 침묵의 건축가. 왜 그는 침묵의 건축가인가?

그는 90세의 일기를 기록하면서 한 줄의 글조차 남기지 않았으며 단 한 번도 교육 현장에 선 일이 없다. 오로지 건축 작업 현장을 지켰을 뿐이다. 그래서 침묵의 건축가일까?

북구 스웨덴의 건축가 중 세계적으로 잘 알려진 사람으로 스톡홀름 중앙도서관을 설계한 에릭 구나르 아스플룬드(Erik Gunnar Asplund)가 있다. 아스플룬드는 20세기의 건축가를 거론할 때 빠지지 않고 등장한다. 아스플룬드

레베렌츠의 스케치

는 정치적이라고 할 만큼 사교적이었으나 레베렌츠는 비타협적이고 내성적인 성격으로 오로지 건축을 만드는 일에만 몰두하였다. 레베렌츠와 아스플룬드는 학교를 같이 다닌 동기생으로 재학 중에 많은 공동 작업을 하였으며 졸업 후에도 줄곧 같이 작업한 파트너였다.

그들이 활동을 시작한 20세기 초는 이미 모더니즘이 전 유럽을 휩쓸기 시작하여 바야흐로 새로운 예술과 새로운 문화에 대한 막연한 기대가 솟아나고 그로 인해 다소의 긴장이 조성되던 때였다. 따라서 새로운 시대에 새로운 인물이 필요하였을 것이다. 야심찬 젊은 아스플룬드는 스웨덴에서 그 시대가 만든 대표적 건축가가 된다. 레베렌츠를 끌어들여 한 팀을 이룬 아스플룬드는 젊은 나이에도 불구하고 수많은 프로젝트를 담당하게 되었고, 우드랜드 공동묘지는 1917년 이들이 공동으로 현상설계에 응모하여 당선된 프로젝트이다.

우드랜드 공동묘지가 우리에게 알려진 것은 아스플룬드가 설계한 장제장(葬祭場) 때문이다. 모더니즘에 관한 거의 모든 건축 책에 소개되어 있는 이 장제장의 풍경은 참으로 감동적이다. 추상적으로 보일 정도로 단순한 입면과 그 앞의 투박한 십자가가 부드러운 녹색의 구릉 위에 짙은 그림자를 드리우며 서 있는 광경은 절제한 건축이 갖는 폭발적 힘을 보여준다. 나도 이런 연유로 아스플룬드의 건축을 경외하고 있었다.

그러나 『고전주의의 딜레마』를 읽으면서 아스플룬드의 장제장이 그토록 감동적으로 보이는 이유가 건축 자체보다는 공동묘지의 조경 때문이라는 것을 알았고, 그 조경을 만든 이가 바로 레베렌츠라는 사실을 알게 된 것이다. 특히 구릉이며 나무들이 자연 상태의 것이 아니라 인공적으로 만든 것이며 공동묘지 주변의 모든 자연은 레베렌츠가 계획하고 의도한 것이라고 한다. 실제로 레베렌츠의 많은 스케치는 그러한 조경에 대한 것이었다.

많은 부분이 완성된 1934년, 레베렌츠는 우드랜드 공동묘지의 중앙위원회에 의해 해임된다. 위원회의 부당한 요구에 사사건건 충돌해온 결과였다. 그 책에는 노년의 레베렌츠 사진이 있는데 이 사진은 그가 한평생을 얼마나 옹고집으로 일관하여 살았는지를 충분히 짐작케 한다.

나는 레베렌츠의 건축을 보고 싶은 마음으로 몇 번의 기회를 노리던 중 1999년 런던 생활을 마감하고 서울로 돌아오기 직전 순전히 그의 건축만을 보기 위하여 스웨덴에 가게 되었다.

스톡홀름에 있는 우드랜드 공동묘지를 방문하기 전 덴마크와 인접한 말뫼(Malmö)와 클리판(Klippan)에 있는 다른 공동묘지와 교회를 먼저 찾았다. 건축물들은 레베렌츠의 거의 마지막 작업답게 그의 농밀한 건축 언어가 유감없이 나타나 있었다. 특히 말뫼의 공동묘지에 있던 작은 꽃집이 갖는 은유와 해학은 꽃집의 원형이 현저히 훼손되어 있음에도 불구하고 보석같이 귀한 아름다움을 느낄 수 있었다.

나는 이 건축들의 어느 부분에서도 지난 시대 고전주의자의 그림자조차 발견하지 못하였다. 그는 철저한 모더니스트였으며 그것도 우리에게 시심을 가득 일으키는 낭만적 모더니스트일 따름이었다. 이것이 그의 후기작이어서 그러할까? 그렇다면 초기작인 우드랜드 공동묘지에서는 그가 변하기 전의 모습을 볼 수 있을 것인가. 나는 자못 두근거리는 마음을 다독이며 스톡홀름으로 향했다.

우드랜드 공동묘지에 가기 위해 아침 일찍 잡아 탄 택시의 운전사에게 그

아스플룬드가 설계한 장제장[쥐] 우드랜드 공동묘지 장제장 앞의 십자가와 회상의 숲[뒷면]

레타 가르보가 최근 이 공동묘지에 묻혔다는 말을 들었다. 가르보가 죽기 몇 해 전 이곳의 아름다움에 반해 여기에 묻히기로 정했다고 한다. 그러할 정도로 입구에서 본 묘역의 광경은 참으로 아름답다. 멀리 눈에 익은 아스플룬드의 장제장과 십자가가 보이고 부드러운 곡선의 구릉이 뭉게구름을 가볍게 푸른 하늘로 띄우는 모습이 기괴한 공동묘지의 풍경에 익숙해 있는 우리에게는 신기하기 짝이 없었다. 그러나 이러한 즐거움도 잠시일 뿐 레베렌츠가 만든 도면을 보며 그가 만든 길을 따라 걷는 동안 나의 표정은 심각해졌다.

그가 만든 이 공동묘지는 단순한 묘역이 아니었다. 죽은 자와 산 자가 끊임없이 대화하고 교류하는 도시이며 스스로의 삶에 대해 자문하는 사유의 공간이자 인간에 대한 신의 축복과 그 징표로 태어난 아름다운 자연이었다. 그러나 이 모든 것을 레베렌츠가 만들었다는 것이다.

그는 언덕을 만들고 나무를 심어 신전 같은 경건한 영역을 이루고 그 영역에서 그가 세운 부활의 교회까지 1km에 가까운 길을 일직선으로 만들었다. 이 길은 때로는 긴장하고 때로는 이완하며 산 자로 하여금 어느덧 경건한 의식 속에 걷게 한다. 여기서 걷는다는 것은 한 편의 아름다운 서사시였다. 땅의 변화나 나무와 풀들은 그의 유용한 도구였으며 때로는 울창한 나무 사이로 떨어지는 햇살이 이 세상이 얼마나 아름다운지를 가르친다. 비석들은 폐허의 주춧돌처럼 그냥 널브러져 있기도 하여 죽은 자에 대한 기억을 처절하게 만들기도 하고 때로는 뒤로 돌아앉게 하여 그들이 이제는 돌아올 수 없는 이들임을 깨닫게 하기도 한다. 더러는 한곳에 모여 앉아 죽은 자들의 공동체를 이루고 있다.

이 길의 마지막에 부활의 교회가 있었다. 언급한 대로 소위 고전주의

열두 그루의 느릅나무가 있는 회상의 숲

적 지붕과 장식적 기둥을 가진 그 교회에 빨려들 듯 들어간 순간 짙은 침묵의 무거움이 다시 나를 긴장케 했다. 또 하나의 집 모양을 한 제단을 보며 내가 서 있는 이곳이 내부인지 외부인지 분간하기 어려워 산 것과 죽은 것에 대한 환상을 낳게 한 것이 나만 가졌던 과민한 반응은 아니리라. 이것이 그 책에서 말한 고전주의 건축이란 말인가. 결단코 아니다. 이것은 고전 건축이 아니라 바로 인간의 삶과 죽음에 대한 레베렌츠의 고백이며 그의 건축적 본질인 것이다.

나는 몇 번이고 이러한 사실을 되뇐 끝에 작은 교회를 나왔다. 레베렌츠가 만든 정교한 철제 문을 디밀고 나온 순간 약간 낮게 깔린 또 다른 묘역에서는 죽은 자들의 묘석이 정갈한 햇살을 받으며 아름다운 공동체를 이루고 있었다. 이것이 부활인 걸까?

'성서적 풍경(Biblical Landscape).' 그렇다. 그 책의 한 구절에서 레베렌츠가 만든 건축은 '성서적 풍경'이라고 적혀 있었다. 풍경에 대한 성스러운 교본이라는 뜻이며 새로운 시대에 주는 새로운 복된 메시지이다. 이 메시지는 채움을 목적으로 두는 전통적 서양건축이 더 이상 우리의 목표가 아닌 것이며, 비움이 현대 건축의 이상이라는 말이 아닐까. 따라서 레베렌츠가 여기서 만든 것은 단순한 조경이 아닌 것이다. 그는 큰 건축으로서의 공동묘지를 그렸고 그 속의 죽은 자와 자연과의 관계를 통해 결국은 산 자인 우리에게 무한한 교훈과 감동을 던져주고 있다. '이 세상은 얼마나 살 만한 가치가 있는 아름다운 곳인가.'

레베렌츠는 말년이 되어서야 이 비움의 아름다움을 깨달은 게 아니라 우드랜드 공동묘지를 설계할 때부터 애초에 비우고 절제하며 침묵을 통해 그의 본질만을 남겨놓으려 한 것이다. 자코메티나 베케트의 아름다운 비움

우드랜드 공동묘지 위 왼쪽   우드랜드 공동묘지 진입로 위 오른쪽   우드랜드 공동묘지 회상의 숲 아래
우드랜드 공동묘지 전경들 뒷면

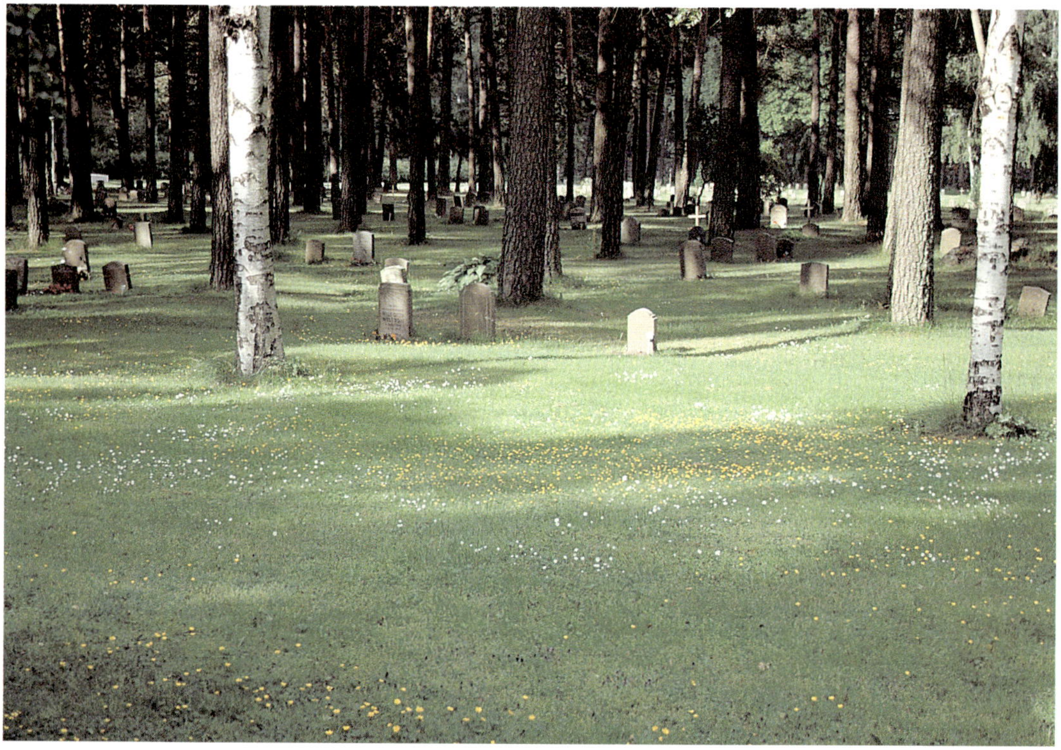

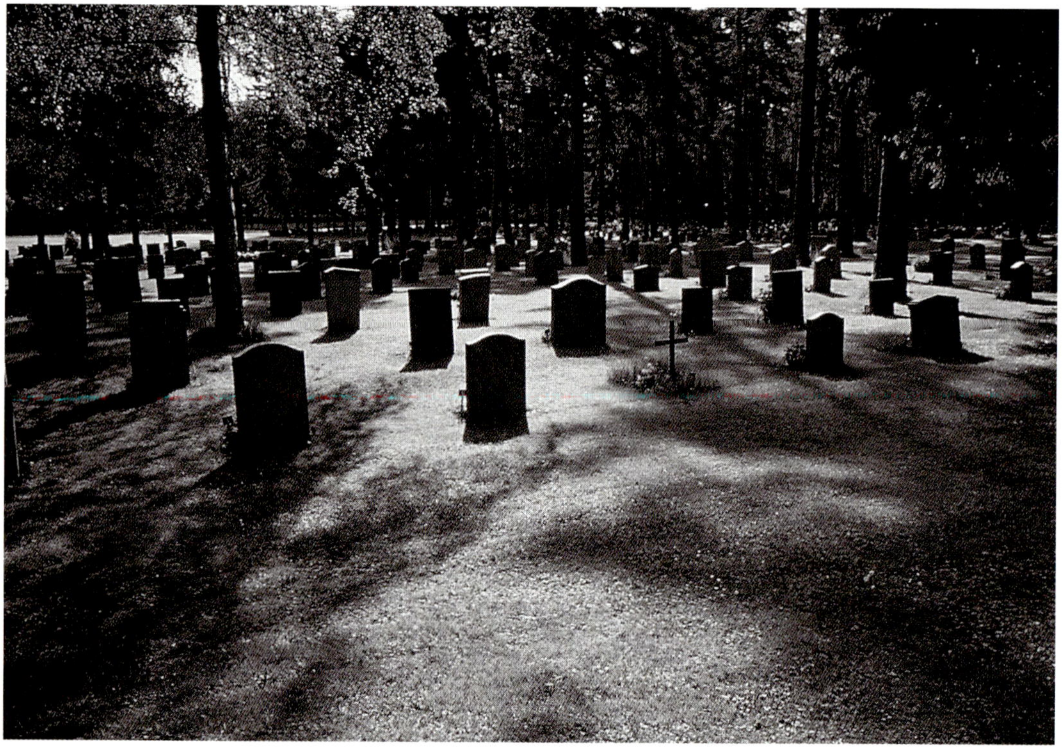

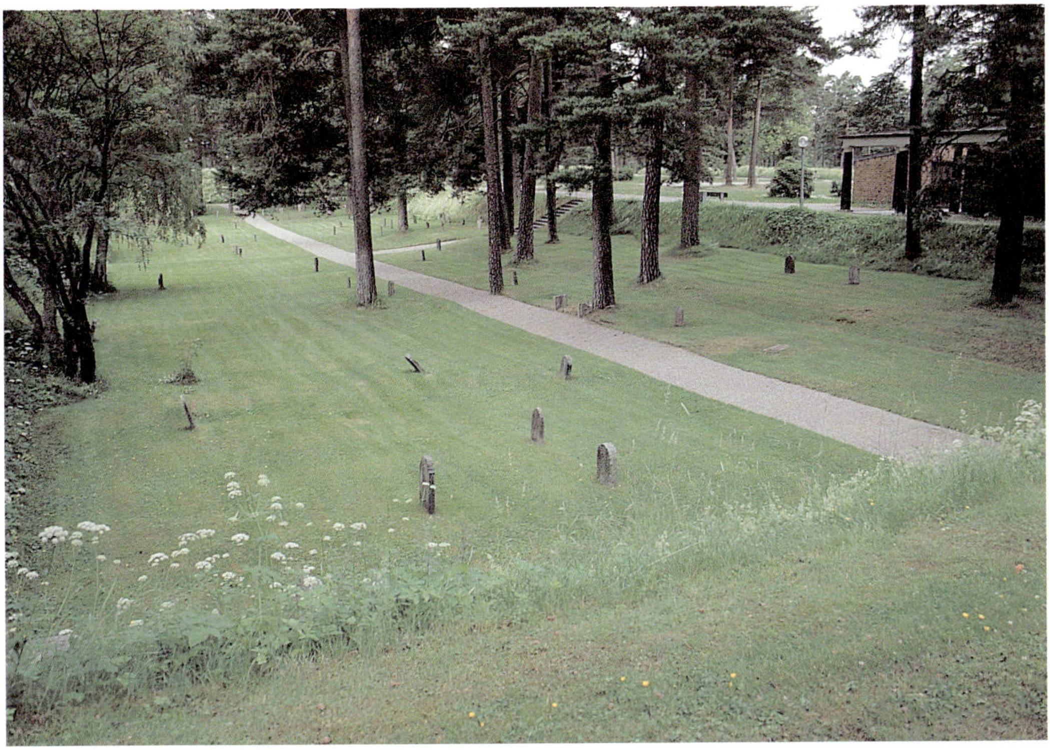

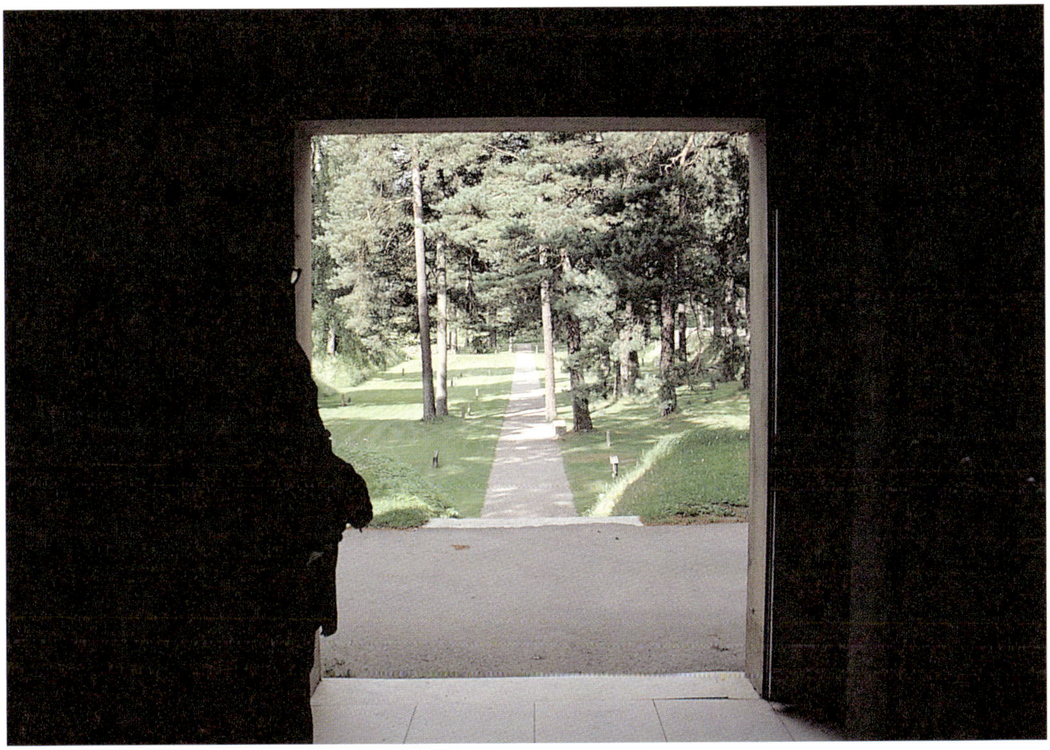

을 그에게서 발견하기도 하지만 오히려 그들에게서 느끼는 현대적 절망을 레베렌츠에게서는 발견할 수 없었다. 그만큼 그의 비움은 시어(詩語)로 가득차 있으며 희망적이다.

레베렌츠는 비록 한 줄의 문장도 남기지 않았고 누구에게 가르치지도 않았지만, 그의 침묵의 건축을 통하여 그가 옳다고 믿었던 모든 것을 우리는 배울 수 있으며 그것은 어떤 글보다도 더욱 설득력 있는 명문이었다. 나는 레베렌츠의 큰 건축인 우드랜드 공동묘지를 나오면서 아스플룬드가 만든 교회당을 그냥 지나치고 말았다. 레베렌츠가 준 감동이 조금이라도 훼손될까 두려운 까닭이었다.

나는 그렇게 믿는다. 이 건축은 지금에도 여전히 유효한 성서이다.

부활의 교회에 이르는 '일곱 우물의 길' [왼면]   부활의 교회 내부 [위]

Sigurd Lewerentz

시구르트 레베렌츠 1885-1975
에릭 구나르 아스플룬드(Erik Gunnar Asplund), 오스발드 암크비스트(Osvald Almqvist)와 함께 스웨덴의 대표적인 근대 건축가로 꼽히는 레베렌츠는 제도권에서 받던 학업을 중단하고 라흐너 외스트베르흐(Ragner Östberg), 칼 베르히스텐(Carl Bergsten) 등이 설립한 사립학교에서 건축 교육을 마쳤다. 1910년대 초에는 독일공작연맹(Deutscher Werkbund)으로부터 영향을 받아 토르스텐 스투벨리우스(Torsten Stubelius)와 함께 건축과 산업디자인 영역 모두에서 활동했으며, 헬싱보르흐 화장장(Helsingborg Crematorium) 설계안 등을 통해 일찍이 그의 작품 세계를 구축하였다. 이 시기 각종 설계경기에 지속적으로 우수한 계획안을 제출하던 중 1914년 아스플룬드와 함께 설계한 스톡홀름의 우드랜드(Woodland) 공동묘지안이 설계경기에 당선되면서 이름이 널리 알려졌다. 북유럽 낭만주의와 신고전주의의 영향이 고루 드러나 있는 계획안으로, 그 내부에 있는 부활의 교회(Church of Resurrection)는 그의 걸작으로 꼽히고 있다. 2년 후에는 단독으로 제출한 말뫼(Malmö) 공동묘지 계획안이 설계경기에 당선되었고, 1926~1927년에 진행된 같은 도시의 시립극장 및 콘서트홀 계획에서는 드러나지 않는 엔지니어 역할을 자청했다. 1940년대 후반과 1950년대에 문과 창호를 제작하는 사업가로 활동하던 레베렌츠는 이어 50년대 후반부터 다시 건축 활동을 펼치며 비욕하겐(Björkhagen)의 성 마가 교회(Church of St. Mark, 1956~1960), 클리판(Klippan)의 성 베드로 교회(Church of St. Peter, 1963~1966)와 같은 작품을 남겼다.

• 우드랜드 공동묘지 배치도

1 입구
2 우드랜드 장례식장(아스플룬드, 1940)
3 우드랜드 교회당(아스플룬드, 1920)
4 부활의 교회에 이르는 축
5 부활의 교회
6 회상의 숲

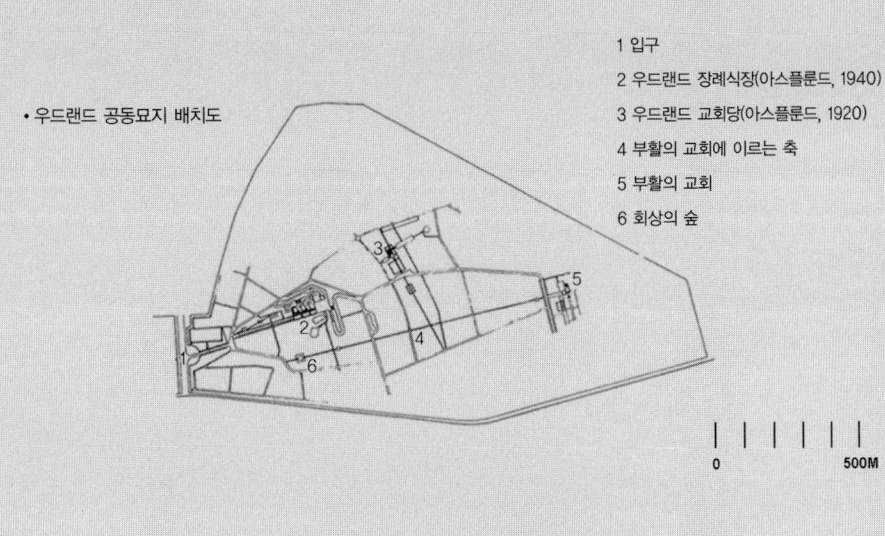

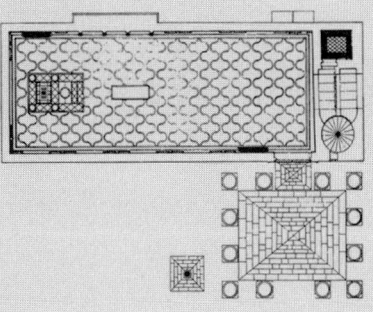

• 부활의 교회 평면 및 단면

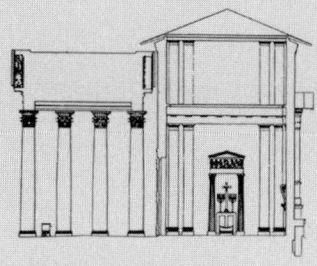

찾아보기

게릿 리트벨트(Gerrit Rietveld)_78
게오르그 루카치(György Lukács)_231
고딕 양식_87, 203
공동성(communality)_130, 191
과달라하라(Guadalajara)_168, 182
귀엘 공원(Parc Güell)_262, 264, 267, 268, 272, 273
그루포 세떼(Gruppo 7)_44, 54
김수근_5, 12
나인 스퀘어(Nine Square)_46, 78
다카(Dhaka)_160, 185, 188, 191, 195
데 스틸(De Stijl)_27, 78, 154
도미노 하우스(Dom-ino House)_71, 72, 84
도미니크 페로(Dominique Perrault)_246, 247, 249, 255, 256
독일공작연맹(Deutscher Werkbund)_60, 154, 290
라 그랑 아르세(La Grande Arche)_218, 219, 220, 222, 227~229, 245
라 데팡스(La Défense)_221, 222, 228, 245
라 빌레트(La Villette)_246
라 투레트(La Tourette)_71, 86, 89, 90, 98, 105, 107, 174
라멘조(Rahmen structure)_31, 90
『레스프리 누보(L'Esprit Nouveau)』_71, 84
레이너 밴험(Reyner Banham)_51, 212
렌조 피아노(Renzo Piano)_206, 210, 216, 247
로렌스 핼프린(Lawrence Halprin)_162
로맨틱 가도(Romantischestrasse)_57

로스 하우스(Looshaus)_22, 24, 25, 27, 30, 34~36, 38, 39
로우 테크(Low Tech)_178
로텐부르크(Rothenburg)_57, 59, 64, 65
롱샹(Ronchamp) 성당_71, 84
뢰머베르크 광장(Romerberg Platz) → 뢰머 광장_230, 232~234, 237
루드비히 미스 반 데어 로에(Ludwig Mies van der Rohe)_60, 132, 141, 154, 205
루이스 바라간(Luis Barragan)_156, 159, 161, 167, 168, 178, 182
루이스 칸(Louis Kahn)_156, 159, 160, 167, 185, 187, 188, 191, 192, 195, 198
르 코르뷔지에(Le Corbusier)_61, 62, 64, 69, 71~73, 77, 83, 84, 89, 90, 98, 101, 105, 111, 112, 113, 117~119, 168, 187, 243, 245
르 토로네(Le Thoronet) 수도원_86, 98, 100, 101, 103~105
리처드 로저스(Richard Rogers)_206, 210, 216
리처드 세라(Richard Serra)_151, 153
리처드 의학연구소(Richards Medical Research Building)_161, 198
미술공예운동(Arts and Crafts Movement)_26
미카엘 광장(Michaelerplatz)_22, 25, 31, 33, 34
바라나시(Vārānasi)_109, 111, 113, 118
바르셀로네타(Barceloneta)_262
바스티유(Bastille) 극장_246

바우하우스(Bauhaus)_61, 143, 154
바이센호프 주거단지(Weissenhofsiedlung)_56, 59, 67, 126, 138, 143, 154
바티칸 베드로 대성당_90
발 데 에브론(Val d'Hebron)_262, 263
발터 그로피우스(Walter Gropius)_61, 66
방글라데시 국회의사당_184, 185, 199
버트레스(buttress)_87
베를린 국립미술관 신관(Neue Nationalgalerie)_140, 141, 142, 144, 153
베를린 장벽_132, 136, 145, 151
베를린 필하모니 홀_61, 122, 124~127, 129, 130~132, 136, 139, 145
브루노 파울(Bruno Paul)_141, 154
비첸차(Vicenza)_81
빌라 로툰다(Villa Rotunda)_81
빌라 사보아(Villa Savoye)_68, 69, 72, 73, 78, 83, 85
사그라다 파밀리아(Sagrada Familia)_259, 261, 267, 272
4·3그룹_12, 109, 159
산 크리스토발 경마훈련장(San Cristóbal Stables)_176, 178
샤를 에두아르 잔네레 그리(Charles Eduard Jeanneret-Gris)_71, 84
선큰 가든(Sunken Garden)_250
세쎄셔니스트(Sezessionist)_27
세쎄션(Sezession) 운동_10, 27

소크 생물학연구소(Salk Biological Institute)_159, 180, 195, 198
쉬른 미술관(Schirn Kunsthalle)_230, 232~234, 237, 239~241
쉬베르트페르게쉔(Schwertvergächen)_237
슈뢰더 하우스(Schröder House)_78
슈투트가르트_56, 59, 60, 64, 126, 143
시구르트 레베렌츠(Sigurd Lewerentz)_274, 275, 290
시대성_23, 25
아돌프 로스(Adolf Loos)_6, 12, 22, 25, 27, 30, 34, 38, 78
아르 누보(Art Nouveau)_26
아마다바드(Ahmadābād)_160
안드레아 팔라디오(Andrea Palladio)_81
안토니오 가우디(Antonio Gaudí)_258, 259, 262, 272
알렉산더 칼더(Alexander Calder)_151
알베르토 캄포 바에자(Alberto Campo Baeza)_78
알베르트 슈페어(Albert Speer)_123
앨버트 마이어(Albert Meyer)_113
에릭 구나르 아스플룬드(Erik Gunnar Asplund)_275, 290
에버네저 하워드(Ebenezer Howard)_265
에브 쉬르 아브렐 론(Eveux-sur-Arbresle Rhone)_89
열린 손(Open Hand)_118, 119
영조(營造)_7, 23
오귀스트 페레(August Perret)_71, 84
오브 애럽(Ove Arup)_206

오스카 니마이어(Oscar Niemeyer)_210
오토 바그너(Otto Wagner)_7, 27
옥상정원 73, 77, 80, 83, 98, 268
요한 오토 폰 스프렉켈슨(Johan Otto von
　　Spreckelsen)_218, 221, 228
우드랜드(Woodland) 공동묘지_274, 275, 277, 278, 279,
　　285, 287, 289
유겐트스틸(Jugendstil)_27
유니버설 스페이스(Universal Space)_145
융통성(flexibility)_206
장 프루베(Jean Prouvé)_210
장소성_23, 25, 109
절대적 무위 마당(Absolute Nothing-Plaza)_162
주세페 테라니(Giuseppe Terragni)_40, 43, 54
찬디가르(Chandīghar)_84, 108, 111, 112, 113, 118, 119
카사 델 파쇼(Casa del Fascio) → 파시스트의 집
카사 밀라(Casa Milá)_267, 270, 272
카푸친 파 수녀원 성당(Capuchinas Sacramentarias del
　　Purismo Corazon de Maria)_173, 177, 179, 183
칼 마르크스(Karl Marx)_151
칼 크라우스(Karl Kraus)_34
캔틸레버(cantilever)_144, 170
켐퍼 광장(Kemperplatz)_125, 126, 132, 141, 145, 153
코모 대성당_42, 43, 47, 50
킴벨 미술관(Kimbell Art Museum)_98, 160
테오티우아칸(Teotihuacán)_180

틀랄판(Tlalpan)_174
티어가르텐(Tiergarten)_125
파사드(façade)_162
파시스트의 집(Casa del Fascio)_40, 42, 43, 51, 55
파올로 포사티(Paolo Fossati)_51
파티오(patio)_174
페르디난드 바크(Ferdinand Bac)_168, 182
페터 베렌스(Peter Behrens)_62, 66, 71, 141
포디엄(podium)_144, 148, 151
포츠담 광장(Potzdamerplatz)_126, 129, 132, 216
폴 크레트(Paul Cret)_185
퐁피두 센터(Centre Georges Pompidou)_200, 204, 206,
　　211, 213, 216, 217, 247
프랑스 국립도서관(Bibliotheque Nationale de
　　France)_242, 246, 249, 251, 255~257
프리츠 노이마이어(Fritz Neumeyer)_151
프리츠커 상(Pritzker Prize)_168, 173
플라잉 거더(flying girder)_89, 203, 204
필로티(piloti)_72, 73, 76, 77, 90
필립 존슨(Philip Johnson)_210
하이 테크놀로지_204, 210, 212
한스 샤로운(Hans Scharoun)_61, 62, 66, 122, 126, 130,
　　132, 138, 145, 205
합목적성_10, 25